U0857778

电机实验技术

主　编　李国建
主　审　李光友

山东大学出版社

图书在版编目(CIP)数据

电机实验技术/李国建主编.
—济南:山东大学出版社,2009.9(2019.4 重印)
ISBN 978-7-5607-3951-9

Ⅰ. 电…
Ⅱ. 李…
Ⅲ. 电机—实验
Ⅳ. TM306

中国版本图书馆 CIP 数据核字(2009)第 164887 号

山东大学出版社出版发行
(山东省济南市山大南路 20 号　邮政编码:250100)
新　华　书　店　经　销
泰安金彩印务有限公司
787×1092 毫米　1/16　9.25 印张　209 千字
2009 年 9 月第 1 版　2019 年 4 月第 2 次印刷
定价:23.00 元

前 言

“电机学”是电气工程及自动化专业的专业基础课，而电机学实验是学习电机理论的重要实践环节。其目的在于通过实验来验证和研究电机理论，增强感性认识以促进理论知识认识的深化，培养学生科学地分析问题和解决问题的能力，使学生掌握电机实验的操作方法和基本技能；培养学生严肃认真的学风和实事求是的科学作风，锻炼学生科学实验的动手能力。

本书根据教育部“教育专业质量认证”的要求，结合电机学课程的教学大纲要求进行编写，书中标注的基本实验应全部掌握，综合性实验了解掌握，设计开发性实验应部分了解掌握。为了拓展学生的视野，本书内容除了教学大纲中必做的教学基本实验外，适当增加了一些电机测试的基本知识及综合性实验和设计开发性实验。

为了培养学生独立分析问题和解决问题的能力，培养学生的综合动手操作能力，为了更有效地完成每项实验，要求学生在实验前必须作充分预习。除复习与实验有关的理论知识外，还要认真研究实验指导教材，了解实验目的、内容，弄清实验原理、实验接线、操作方法、步骤和应测试记录的数据及实验过程中要注意的问题。总而言之，要求学生实验前做到心中有数。本书由李国建、朱常青、魏蓓编写。李国建编写第1、2、3章，第5章1、2、3、4节，第6章1、2节；魏蓓编写第4章，第5章5、6、7、8节；朱常青编写第6章3、4节和第7章。全书由李国建统稿。李政对插图、公式编辑整理做了一定的工作。

本书在编写过程中还得到山东大学电气工程学院、电机电器研究所、实验中心领导和老师的关心和指导，同时本书还使用了浙江天煌教学设备有限公司提供的电机及电气技术实验指导书和相关资料，还参考了机械工业出版社王秀和主编“电机学”，机械工业出版社郑治同主编“电机实验指导书”，中国电力出版社富强徐利编写“电机实验技术”，在此一并表示衷心的感谢。

本书由山东大学李光友教授主审。在审阅过程中李光友教授提出许多宝贵意见和建议，在此对李光友教授严谨、认真、细致的工作表示衷心的感谢。

由于编者的水平有限，时间仓促，本书难免会有缺点错误之处，恳请广大读者批评指正以便今后再版时改正。

作　者

2009 年 8 月

目　录

第1章 电机实验装置使用、基本要求和安全操作规程

1.1 开启三相交流电源的步骤

1. 开启电源前，要检查控制屏下面“直流电机电源”的“电枢电源”开关（右下角）及“励磁电源”开关（左下角）都必须在“关”断的位置。控制屏左侧端面上安装的调压器旋钮必须在零位，即必须将它沿逆时针方向旋转到底。

2. 检查无误后开启“电源总开关”，“开”按钮指示灯亮，表示实验装置的进线接到电源，但还不能输出电压。此时在电源输出端进行实验电路接线操作是安全的。

3. 按下“开”按钮，“开”按钮指示灯亮，表示三相交流调压电源输出插孔 U、V、W 及 N 上已接电。实验电路所需的不同大小的交流电压，都可通过旋转调压器旋钮用导线从这三相四线制插孔中取得。输出线电压为 0～450V（可调）并可由控制屏上方的三只交流电压表指示。当电压表下面左边的“指示切换”开关拨向“三相电网电压”时，它指示三相电网进线的线电压；当“指示切换”开关拨向“三相调压电压”时，它指示三相四线制插孔 U、V、W 和 N 输出端的线电压。

4. 实验中如果需要改接线路，必须按下“关”按钮以切断交流电源，保证实验操作安全。实验完毕，还需关断“电源总开关”，并将控制屏左侧端面上安装的调压器旋钮调回到零位。将“直流电机电源”的“电枢电源”开关及“励磁电源”开关拨回到“关”断位置。

5. 开启直流电机电源的操作

(1)直流电源是由交流电源变换而来，开启“直流电机电源”，必须先完成开启交流电源，即开启“电源总开关”并按下“开”按钮。

(2)在此之后，接通“励磁电源”开关，可获得约为 220V、0.5A 不可调的直流电压输出。接通“电枢电源”开关，可获得 40～230V、3A 可调节的直流电压输出。励磁电源电压及电枢电源电压都可由控制屏下方的一只直流电压表指示。当将该电压表下方的“指示切换”开关拨向“电枢电压”时，指示电枢电源电压，拨向“励磁电压”时，则指示励磁电源电压。但在电路上“励磁电源”与“电枢电源”，“直流电机电源”与“交流三相调压电源”都是经过三相多绕组变压器隔离的，可独立使用。

(3)“电枢电源”是采用脉宽调制型开关式稳压电源，输入端接有滤波用的大电容，为

了不使过大的充电电流损坏电源电路，采用了限流延时的保护电路。所以本电源在开机时，从电枢电源开合闸到直流电压输出有3～4秒钟的延时，这是正常的。

(4)电枢电源设有过压和过流指示告警保护电路。当输出电压出现过压时，会自动切断输出，并告警指示。此时需要恢复电压，必须先将“电压调节”旋钮逆时针旋转调低电压到正常值(约240V以下)，再按“过压复位”按钮，即能输出电压。当负载电流过大(即负载电阻过小)超过3A时，也会自动切断输出，并告警指示。此时需要恢复输出，只要调小负载电流(即调大负载电阻)即可。有时候在开机时出现过流告警，说明在开机时负载电流太大，需要降低负载电流，可在电枢电源输出端增大负载电阻或甚至暂时拔掉一根导线(空载)开机，待直流输出电压正常后，再插回导线加正常负载(不可短路)工作。若在空载时开机仍发生过流告警，这是由于气温或湿度明显变化，造成光电耦合器TIL117漏电使过流保护起控点改变所致，一般经过空载开机(即开启交流电源后，再开启“电枢电源”开关)预热十几分钟，即可停止告警，恢复正常。所有这些操作到直流电压输出都有3～4秒钟的延时。

(5)在做直流电动机实验时，要注意开机时须先开“励磁电源”，后开“电枢电源”；在关机时，则要先关“电枢电源”而后关“励磁电源”的次序。同时要注意在电枢电路中串联启动电阻以防止电源过流保护。具体操作要严格遵照实验指导书中有关内容的说明。

1.2 实验的基本要求

电机实验技术课的目的在于培养学生掌握基本的实验方法与操作技能，使学生学会根据实验目的、实验内容及实验设备拟定实验线路，选择所需仪表，确定实验步骤，测取所需数据，进行分析研究，得出必要结论，从而完成实验报告。在整个实验过程中，必须集中精力，及时认真做好实验。现按实验过程提出下列基本要求：

1. 实验前的准备

(1)实验前应复习教科书有关章节，认真研读实验指导书，了解实验目的、项目、方法与步骤，明确实验过程中应注意的问题(有些内容可到实验室对照实验预习，如熟悉组件的编号，使用及其规定值等)，并按照实验项目准备记录抄表等。

(2)实验前应写好预习报告，经指导教师检查认为确实作好了实验前的准备，方可开始做实验。

(3)认真做好实验前的准备工作，对于培养同学独立工作能力，提高实验质量和保护实验设备都是很重要的。

2. 实验时建立小组，合理分工

(1)每次实验都以小组为单位进行，每组由2～3人组成，实验进行中的接线、调节负载、保持电压或电流、记录数据等工作每人应有明确的分工，以保证实验操作协调，记录数据准确可靠。

(2)实验前先熟悉该次实验所用的组件，记录电机铭牌和选择仪表量程，然后依次排列组件和仪表便于测取数据。

3. 按图接线

根据实验线路图及所选组件、仪表，按图接线，线路力求简单明了，接线原则是先接串联主回路，再接并联支路。为查找线路方便，每路可用相同颜色的导线或插头。

4. 启动电机，观察仪表

在正式实验开始之前，先熟悉仪表刻度，并记下倍率，然后按一定规范启动电机，观察所有仪表是否正常(如指针正、反向是否超满量程等)。如果出现异常，应立即切断电源，并排除故障；如果一切正常，即可正式开始实验。

5. 测取数据

预习时对电机的试验方法及所测数据的大小作到心中有数。正式实验时，根据实验步骤逐次测取数据。

6. 认真负责，实验有始有终

实验完毕，须将数据交指导教师审阅，经指导教师认可后，才允许拆线并把实验所用的组件、导线及仪器等物品整理好。

7. 实验报告

实验报告是根据实测数据和在实验中观察和发现的问题，经过自己分析研究或分析讨论后写出的心得体会。实验报告要简明扼要、字迹清楚、图表整洁、结论明确。实验报告包括以下内容：

(1)实验名称、专业班级、学号、姓名、实验日期、室温℃。

(2)列出实验中所用组件的名称及编号，电机铭牌数据(P_N,U_N,I_N,n_N)等。

(3)列出实验项目并绘出实验时所用的线路图，并注明仪表量程，电阻器阻值，试验台编号等。

(4)数据的整理和计算。

(5)按记录及计算的数据用坐标纸画出曲线，图纸尺寸不小于8cm×8cm，曲线要用曲线尺或曲线板连成光滑曲线，不在曲线上的点仍按实际数据标出。

(6)根据数据和曲线进行计算和分析，说明实验结果与理论是否符合，可对某些问题提出一些自己的见解并最后写出结论。实验报告应写在一定规格的报告纸上，保持整洁。

(7)每次实验每人独立完成一份报告，按时送交指导教师批阅。

1.3　实验安全操作规程

为了按时完成电机实验，确保实验时人身安全与设备安全，要严格遵守如下规定的安全操作规程：

1. 实验时，人体不可接触带电线路。

2. 接线或拆线都必须在切断电源的情况下进行。

3. 学生独立完成接线或改接线路后必须经指导教师检查和允许，并使组内其他同学引起注意后方可接通电源。实验中如发生事故，应立即切断电源，经查清问题和妥善处理故障后，才能继续进行实验。

4. 电机如直接启动则应先检查功率表及电流表的电流量程是否符合要求，有否短路回路存在，以免损坏仪表或电源。

5. 总电源或实验台控制屏上的电源接通应由实验指导人员来控制，其他人只能由指导人员允许后方可操作，不得自行合闸。

第2章　基本知识

2.1　基本测量方法和误差分析

测量就是将被测量与选作标准的同类量进行比较得出倍数值的过程。其中测量值由数值和单位两个部分组成，没有单位的数值是没有物理意义的。设被测量为 x，标准量为 x_0，测量结果的数值 A_x 为

$$A_x=\frac{x}{x_0} \tag{2-1}$$

上式即是测量的基本方程，显然 A_x 是一个无量纲的数，其对应的被测量为

$$x=A_x \cdot x_0 \tag{2-2}$$

例如，测量一个电阻，测量结果为 $r=20\Omega$。它包括两个部分：一部分为无量纲数 20，另一部分是单位。

2.1.1　测量方法

采用哪一种具体的测量方法是由被测量的种类、数值的大小、所要求的测量精度、测量条件等很多因素决定的。测量方法可以按下列方法分类：

1. 直接测量法

直接得到被测量值的测量方法，称为直接测量法。这种方法无需测量与被测量有函数关系的其他量。例如，用电压表测量电压、电流表测量电流、万用表测电阻等，可以直接读出被测量的值。

2. 间接测量法

通过对与被测量有函数关系的其他物理量的测量。才能得到被测量值的测量方法，称为间接测量法。例如，通过伏安法测电阻，需要先分别测量被测电阻的电压和电流，然后按相关公式求出电阻。

3. 比较测量法

将被测量与已知的同类标准量进行比较的测量方法，称为比较测量法。

4. 微差测量法

将被测量与同它的量值只有微小差别的已知量比较，并测量出这两个量值间的差值

来确定被测量的测量方法,称为微差测量法。

5. 零位测量法

通过调整一个或几个与被测量有已知平衡关系的量。用平衡法测定被测量的方法,称为零位测量法。采用零位测量法进行测量的优点是可以获得比较高的精确度,但是测量过程比较复杂。例如,利用平衡电桥测量电阻值,电位差计测量毫伏级电压信号。

6. 组合测量法

利用直接或间接的办法测得一定数目的被测变量的不同组合,列写一组方程,通过解方程组得到被测量的一种办法。

2.1.2 误差和误差分析

1. 真值和约定真值

物理量的真值是指严格意义上的该物理量的理论值。真值是一个理论概念,它是不能通过测量得到的,因为任何可以得到的某个物理量的值都是通过测量获得的,而任何测量都是有误差的。所以,真值是理论上存在而在实际上是未知的。在实际工作中通常用约定真值来代替真值。

约定真值是对物理量做足够多次测量,取算术平均值或用高一个或几个准确度等级的仪表测量,以其指示值作为被测值的真值。

2. 误差

误差是指测量结果与被测量约定真值之差。可以用绝对误差、相对误差和引用误差来表示。

(1)绝对误差

绝对误差 Δx 是指某物理量的测量值 x 与其真值 x_0 之差,其表达式为

$$\Delta x = x - x_0 \tag{2-3}$$

实际上,真值是未知的,因此常采用约定真值来代替。约定真值也用 x_0 表示。

(2)相对误差

相对误差 γ 定义为绝对误差 Δx 与约定真值 x_0 的百分值,其表达式为

$$\gamma = \left(\frac{\Delta x}{x_0}\right) \times 100\% \tag{2-4}$$

工程上,为了使用上的方便,上式分母的约定真值 x_0,常用测量值 x 来代替,此时求得的是相对误差的近似值,其表达式为

$$\gamma = \left(\frac{\Delta x}{x}\right) \times 100\% \tag{2-5}$$

常用相对误差来表征则量的准确度,相对误差越小,测量的准确度越高。

(3)引用误差

引用误差主要是用来评价仪器仪表的准确度等级。设仪表量程满刻度值为 x_m 则绝对误差 Δx 与 x_m 之比的百分值定义为引用误差,其表达式为

$$\gamma_m = \left(\frac{\Delta x}{x_m}\right) \times 100\% \tag{2-6}$$

例如,某电工仪表的准确度等级为 1.0 级,表示这块仪表的最大引用误差不大于满刻

度值 x_m 的±1%。

3. 数字仪表误差的表示方法

数字仪表的误差(准确度)常用以下两种方法表示,其表达式分别为

$$\Delta x=\pm a\%x\pm b\%x_m \tag{2-7}$$

$$\Delta x=\pm a\%x\pm n\text{ 个字} \tag{2-8}$$

式中:Δx 为绝对误差;a 为误差的相对项系数;x 为被测量的显示值;b 为误差的固定项系数;x_m 为仪表量程的满刻度值;n 为仪表量程的满刻度误差。

以上公式表明,数字仪表的误差由两部分组成:一部分与被测量的相对误差有关,这部分误差与显示值 x 成正比,称为读数误差;另一部分不随显示值变化,当满刻度值 x_m 一定时,这部分误差是一个固定值,称为满刻度误差。

2.1.3　误差的分类

为了对测量误差进行分析和处理,按照误差的性质可以把误差分为系统误差、随机误差和粗大误差。

1. 系统误差

在相同测量条件下,对于一个物理量多次测量时,误差的数值(大小和符号)均保持不变或按某种确定性规律变化的误差,称为系统误差。系统误差通常是有由测量器具、测量仪器和仪表本身的误差产生的。另外,由于测量方法不完善,以及测量者不正确的测量习惯等因素造成的测量误差也可以称作系统误差。

系统误差表征了测量结果的准确度。

2. 随机误差

测量结果大小和符号都不确定且无一定变化规律的误差称为随机误差。随机误差符合正态分布规律。

随机误差表征了测量结果的精密度。

3. 粗大误差

粗大误差也称疏忽误差,是一种严重歪曲测量结果的误差,主要由测试者的粗心大意,如错误操作、读数错误、记录错误或计算错误等原因引起的误差。包含粗大误差的数据称为坏值,应该剔除。

各种误差中,随机误差一般比较小,工程上常忽略不计,只有精密测量时候需要考虑,工程上主要考虑的是系统误差。

2.1.4　有效数字

电机测试时,需要利用各种仪表来读取各种原始数据,之后还需要进行各种计算才能得到电机的参数和特性。因此,在测试和计算过程中都会遇到有效数字的问题。

1. 有效数字的定义

考虑了误差之后的有意义的数字称为有效数字。

例如,使用数字万用表来测量某电机绕组的冷态直流电阻,已知该万用表电阻挡的准确度等级为±1%,绕组的显示值为 12.83Ω。

由于仪表的准确度为1%，因此显示值12.83的第三位数字8是含有一定误差但有意义的数字，而第四位数字3则已经淹没在误差之中。是没有意义的数字，即显示值12.83的有效位数为3位，可记作12.8或128×10^{-1}等。以下是几种错误形式：12.83，12.80等。因为这是4位有效数字的记法，而用该万用表测量电阻时还达不到这样的精度。

2. 关于数字中的“0”

“0”可以是有效数字，也可以不是有效数字。例如，用电压表测量得到的电压为380V。这里的“0”是有效数字。假如把380V改写成0.380kV，则小数点左的“0”不是有效数字，而最右面的“0”是有效数字，不能省略。

当某个数字后面的“0”比较多时，应该注意该数字的记法。例如，用0.1级电桥测得某电阻为152000Ω，这里的十位和个位上的两个“0”并不是有效数字，而百位上的“0”是有效数字，因此，正确的记法为1520×10^{2}Ω或0.1520MΩ。如果直接记为152000Ω，则意味着后3位的“0”都是有效数字，这时测量的准确度应为1×10^{-5}，这与0.1级的电桥准确度等级不相符。

3. 数字修约规则

舍去多余数字应遵守的规则，称为数字修约规则。遵守数字修约规则才能尽量减小这种舍去所带来的误差。对于拟舍去的数字，如果其最左面的第一个数字小于5，应舍去；大于或等于5，而其后的数字并非全部为“0”时，进1。如果拟舍去数字中最左面的第一个数字等于5，而其后的数字又全部为“0”时，须看被保留数字末位的奇偶性而定。如果为奇数则进1，如果为偶数则不进，使被保留数字的末位最终为偶数，这就是常说的数字修约的偶数法则。

2.2 常用的电工仪表

电工测量仪表是电机实验常用的测试仪表。电工测量仪表种类繁多、型号各异。测量前应根据测量的目的、对象及对测量精度的要求等合理的选择仪表，了解测量仪表性能、使用方法，以便正确使用仪表。

2.2.1 电工测量仪表的分类

在测量某物理量时，测量仪表对测量值的表示方法有两种，即模拟表示和数字表示。因此测量仪表也分为模拟式和数字式两种。模拟式仪表利用指针的运动或偏转角度来表示测量值，其优点是能够及时简洁地反映被测物理量的大小关系；缺点是容易因测量者的经验不足或疏忽等原因，引起测量误差。

数字式仪表则是利用数码管或液晶显示器等直接用数字显示测量值。其优点是精确度高；缺点是当被测物理量变化时，其测量值很难瞬时读取。在测量精度方面，数字式仪表与模拟式仪表相比有着绝对的优势。目前，数字式仪表已经得到广泛应用。

用指针偏转来表示电量的模拟式仪表又称为指针式电工仪表，可分为磁电系、电磁系、电动系、静电系、感应系、热电系、整流系等。

电工仪表按照被测量的不同还可以分为电流表(安培表、毫安表和微安表)、电压表(伏特表、毫伏表和微伏表)、功率表、电能表、相位表(功率因数表)、频率计、电阻表(欧姆表、绝缘电阻表)、转速表、温度计、磁通计、检流计及具有多种功能的万用表;按照被测量的电流性质可分为直流表、交流表和交直流两用表。

2.2.2 测量仪表的准确度

仪表的准确度表征其测量值与真值的一致程度,也反映测量误差的大小。仪表的准确度是用仪表的最大引用误差(即基本误差的极限)表示的。

仪表在规定的正常工作条件下使用时,不会有附加偏差,这时的误差是由仪表本身的基本误差引起的。根据国家标准 GB 7676—1998 的规定,电流表和电压表的准确度等级分为 11 级(见表 2-1),其他的电工测量仪表的准确度等级与此类似,参见国家标准 GB 7676—1998。通常,0.05,0.1,0.2 级的仪表作标准表,用以检定准确度等级比较低的仪表;0.5,1.0,1.5 级的仪表主要用于学校和工厂的实验室的试验;准确度更低的仪表主要用于现场。

表 2-1　电流表和电压表的准确度等级

准确度等级	0.05	0.1	0.2	0.3	0.5	1.0
基本误差(%)	±0.05	±0.1	±0.2	±0.3	±0.5	±1.0
准确度等级	1.5	2.0	2.5	3.0	5.0	
基本误差(%)	±1.5	±2.0	±2.5	±3.0	±5.0	

2.2.3 电工仪表的要求及正确使用方法

对电工仪表一般有以下要求:

1. 根据实际情况和具体场合,具有合理的准确度。
2. 误差小,稳定性好。
3. 测量仪表本身功率损耗低。
4. 具有适合于被测量的灵敏度。

测量仪表的正确使用方法如下:

1. 根据需要,在性能和价格等方面综合考虑,正确选择测量仪表的种类、型号和规格。
2. 满足测量仪表的正常工作条件。
3. 测量仪表应该按使用说明书规定的条件摆放。注意工作环境的温度、湿度、粉尘及电磁场环境。
4. 测量仪表在使用前要校准和调零,使用时设置正确的量程范围。
5. 测量时要正确读数。
6. 测量结束后,应该将仪表复位。例如,将电桥的检流计锁住、将万用表挡位放置在高电压挡等。

2.3 绝缘电阻的测量

绝缘电阻的测定是电机绝缘检测项目之一，是检查电机绝缘材料性能是否合格的实验。测量电机绕组的绝缘电阻时应该同时测量绕组温度。在实际冷态下测量可取周围介质温度作为绕组温度。

2.3.1 绝缘电阻的测量方法

1. 绝缘电阻表规格的选择

测量绝缘电阻通常采用绝缘电阻表，所用的绝缘电阻表要根据电机的额定电压来选择(见表 2-2)。

表 2-2　　绝缘电阻表规格的选择

电机额定电压(V)	绝缘电阻表规格(V)
低于 500	500
500～3000	1000
高于 3000	2500

测试仪表量程的选择与电机绕组的耐压等级有关，低于 500V 时选用 0～200MΩ 量程，对高压电机应该选用 0～2000MΩ 量程。测试仪表使用前应进行检查。对绝缘电阻表应做开路和短路实验。检查指示值是否位于“∞”或“0”处。

测量电力变压器绝缘电阻时，需要按照变压器的种类选择使用不同规格的绝缘电阻表。例如，测量 10000V 电压以下的Ⅰ、Ⅱ类变压器的绝缘电阻时，要求选用 1000V 的绝缘电阻表。

2. 电机绕组绝缘电阻的测量项目

电机各相绕组分别有出线端引出时，应该分别测量各绕组对机器外壳或铁心及各绕组之间的绝缘电阻。如果各绕组已经在电机内部连接起来，则仅测量所有相连绕组对机器外壳的绝缘电阻即可。

3. 绝缘电阻表的使用方法

常用的绝缘电阻表为手摇绝缘电阻表(又被称为摇表)，表内有一台手摇发电机。发电机发出的电压与转速有关。因此，为了维持施加在被测量设备上的电压一定，测量时应以绝缘电阻表规定的转速均匀地摇动于柄，等到指针稳定后才可以读数。

2.3.2 电机绕组绝缘电阻的有关规定

1. 国家标准对于电机绕组绝缘电阻的规定

国家标准规定，在热态时电机绕组的绝缘电阻应该不低于下式确定的值，即

$$R=\frac{U_{\mathrm{N}}}{1000+\frac{P_{\mathrm{N}}}{100}} \tag{2-9}$$

式中：R 为电机绕组的绝缘电阻（MΩ）；U_N 为电机绕组的额定电压（kV）；P_N 为电机的额定功率，对于直流电机和交流电动机单位为千瓦（kW），对于交流发电机和同步补偿机单位为千伏安（kVA）。由式（2-9）可以知道，380V 以下的低压电机、电器，热态时其绕组的绝缘电阻应不低于 0.38MΩ。如果低于该数值，就应该分析原因，采取相应措施。

2. 冷态绝缘电阻合格值的估算

电机绕组绝缘电阻与温度有关，绝缘电阻随温度的上升而下降且符合指数变化规律。因此室温下冷态绝缘电阻的合格值可以按下式计算，即

$$R_\theta \geqslant 0.38 \times 2^{\frac{75-\theta}{10}} \tag{2-10}$$

式中：R_0 为冷态绝缘电阻（MΩ）；θ 为室温（℃）。

2.4　绕组直流电阻的测量

电机实验中，经常需要测量绕组的直流电阻，绕组的直流电阻值是随温度变化的。在测定绕组实际冷态直流电阻时，要同时测量绕组的温度，以便将实际电阻值换算到基准工作温度或所需工作温度下的数值。

电阻按其阻值分为低值电阻（小于 1Ω）、中值电阻（$1\sim10^5\Omega$）和高值电阻（大于 $10^5\Omega$）。根据所测电阻值不同以及对测量精度的要求，绕组直流电阻测量一般采用电桥法、万用表法和伏安法。

2.4.1　电机绕组直流电阻的测量方法

1. 电桥法

通常 1Ω 以下的电阻称为低值电阻，如导线的电阻、金属材料的电阻、电流表的内阻等。测量低值电阻时，由于被测电阻很小，而连接导线的电阻与测量仪表连接处的接触电阻和待测，电阻有同样的数量级，有时甚至大于被测电阻，这样就会使测量的误差很大。因此，测量低值电阻并且测量精度又要求比较高时，就要选用双臂电桥进行测量，以避免接触电阻和连接线电阻造成的误差。

2. 万用表法

电阻值在 $1\sim10^5\Omega$ 范围内的电阻称为中值电阻，这种电阻在实际中遇到比较多。例如，电阻器、电位器、电机及电器中匝数较多的绕组等。这种电阻的测量一般情况下可以不考虑接触电阻和漏电流的影响。使用一台数字万用表，将电阻挡选择适当的量程范围，就可以直接测量出直流电阻值。利用万用表测量直流电阻，方法很简单，但是只适用中值电阻的测量，对于低值电阻测量，则精度可能不够。

3. 伏安法

利用伏安法测量直流电阻时候，应该采用电压稳定的直流电源作为测量电源。测量时，为保证足够的灵敏度，电流要有一定的数值，但又不要超过电机绕组额定电流的 20%，电流表与电压表应该尽量快速读数，以免因为绕组发热影响测量的准确度。

测量电阻时，要适当考虑电流表和电压表的内阻。并选用合适量程的仪表，以减小测量误差。

2.4.2 实际冷态直流电阻与基准工作温度时直流电阻的换算

用温度计测量绕组端部、铁心或轴伸部温度，如果这些部位的温度与周围空气温度相差不大于±3℃，则所测绕组电阻为实际冷态电阻，温度计所测温度就作为绕组在实际冷态下的温度。测得的冷态直流电阻可以按下式换算到基准工作温度时电阻。即

$$R_W=\frac{K+\theta_W}{K+\theta}\times R \tag{2-11}$$

式中，θ_W 为基准工作温度，A、B、E 级绝缘为 75℃，F、H 级绝缘为 115℃；θ 为绕组实际冷态温度(℃)；R 为绕组实际冷态电阻，K 为常数，对铜绕组 $K=235$，对铝绕组 $K=228$。

2.5 电机温度的测量

电机运行时，其定子和转子绕组中有电流流过，所以会产生数值为 I^2R 的损托(铜耗)，因磁通交变铁心中产生磁滞损耗和涡流损耗(铁耗)，因为机械摩擦等产生的损耗(机械损耗和杂散损耗)。这些损耗全部都转换成为热能，使电机各部分的温度升高。温度主要影响电机绝缘材料的性能，超过允许的温度将会降低电机使用寿命或使绝缘损毁。温度升高也将使电机某些部件(如换向器、集电环和轴承等)运行条件恶化会导致电气或机械故障。因此，电机运行时对温度有特殊的要求。为了保证安全、合理地使用电机，需要检测电机绕组、铁心、轴承及冷却介质等的温度，根据测量部位不同可采用温度计法、电阻法、埋置检温计法和红外测温法等。

2.5.1 温度计法

温度计法使用通常的温度计(水银、酒精温度计等)、非埋置的半导体温度计、热电偶或热电阻温度计进行测量。

测量时，将温度计贴附在电机被测部位的表面，以便测量接触点表面的温度。为减小测量误差，从被测点到温度计的热传导应尽可能的良好，并且将温度计的球体部分用绝缘材料覆盖，以免受到周围冷却介质的影响。要注意的是，在有变化磁场存在的部位(如交流电机定子铁心等)不能使用水银温度计，应采用酒精温度计。温度计法简单可靠，电机中不能够用电阻法测量温度的部位(如定子铁心、轴承及冷却介质等)都可以用这种方法来测量。

2.5.2 电阻法

随着电机绕组温度的升高，绕组电阻也相应增大。在－50％～150％范围内，绕组电阻随温度变化的关系为

$$\frac{R_2}{R_1}=\frac{K+t_2}{K+t_1} \tag{2-12}$$

式中：R_2 为绕组热态电阻，R_1 为绕组冷态电阻，t_2 为绕组热态温度(℃)；t_1 为绕组冷

态温度(℃);K 为常数,对铜绕组 $K=235$,对铝绕组 $K=228$。

将式(2—12)加以整理,即可导出绕组温升 Δt 的计算公式为

$$\Delta t=\frac{R_2-R_1}{R_1}(k+t_1)+t_1-t_0 \tag{2-13}$$

式中:t_0 为冷却介质热态温度。

利用电阻法测得的是绕组的平均温度。GB755 指出,电机绕组温度测量时一般应选电阻法。用电阻法测量断电停转后的电机温度时,要求在温升实验结束后立即进行。电机断电停转后,若能在表 2-3 所示的间隔时间内测得第一点读数,则应该以该读数计算电机温升,而不需要回推至断电瞬间。若在上述间隔时间内不能测得第一点读数,则应尽快测得它,以后每隔 1 分钟读取一次读数,直至读数开始明显从最高值下降时为止。将测得的读数作为时间的函数绘成曲线,并按电机的额定功率将曲线回推至表 2-3 所示的间隔时间,所获得的温度即作为电机断电瞬间的温度。

表 2-3　　时间间隔表

电机额定功率 P (kW 或 kVA)	断电后的间隔时间(s)	电机额定功率 (kW 或 kVA)	断电后的间隔时间(s)
小功率电机	15	$200\leqslant P\leqslant 5000$	120
$P\leqslant 50$	30	$5000\leqslant P$	按相关专门协议
$50\leqslant P\leqslant 200$	90		

2.5.3 埋置检温计法

对于额定功率为 500kW 及以上的交流电机定子绕组,应该采用埋置检温计法测量预计为最热点部位的温度或温升。由于电机制成后绕组的上述部位无法触及,因此在电机制造的过程中,应该预先把检温计埋置在这些部位。检温计应适当分布于电机绕组中,数量不少于 6 个。该方法还可以用于电机铁心和轴承的温度测量。

电机温度测量时使用的检温计主要有热电阻、热电偶和半导体热敏电阻等。一般情况下,热电阻的稳定性高、使用方便、测温范围宽、线性度好、寿命长、价格合理,所以被广泛使用。热电偶和半导体热敏电阻目前也在很多工程实践中使用,但这两种材料对仪表和环境要求比较高,所以限制了使用范围。

2.5.4 红外测温法

红外测温仪是一种新型的高科技的非接触式测温仪器。使用手持式红外测温仪可以非常方便、快速地以非接触方式测量出电机各部分表面的温度,精度可以达到±1%;其缺点是不能测量电机内部那些从外边无法照射到的部位的温度。所以,红外测温仪适用于测量电机的外壳、轴承表面和换向器表面的温度。

2.6 电功率的测量

电功率一般采用功率表直接进行测量，某些情况下也可以间接利用测量电压和电流来实现，测量时应该正确连接测量电路。

2.6.1 直流电机电功率的测量

直流电功率可以用直流电压表和电流表来测量。如图 2-1 所示。

一般来说，对于电压较高、电流较小的电机适宜采用图 2-1(a)的接法；反之，则采用图 2-1(b)的接法比较合适。直流电功率也可以用功率表直接读取，原理接线图如图 2-2(a)、(b)所示。图中的电流表和电压表作为测量时监视用，防止损坏功率表。

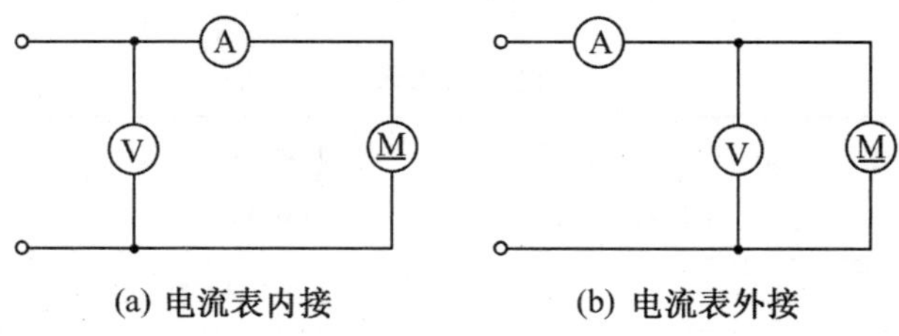

图 2-1 用电流表、电压表测量直流电功率

这里指出，功率表电压线圈和电流线圈的“＊”端的正确接法是直接短接，然后或接向电源或接向电机，如图 2-2(a)、(b)所示。而图 2-2(c)的接法是错误的，将使仪表产生附加误差而降低测量的准确度。

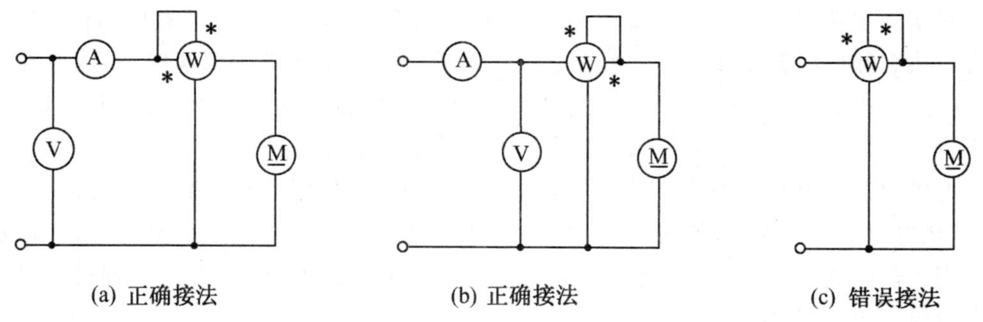

图 2-2 用功率表测量直流电功率

2.6.2 单相交流电机电功率测量

交流电机电功率测量通常指有功功率测量。如图 2-2 所示，单相交流电机电功率测量原理电路与直流电机相同，只是仪表换成交流仪表，直流电机换成交流电机。

为了扩大功率表的量程和使用安全，在测量大电流、高电压情况下的单相交流电功率时，可以使用电流互感器(TA)和电压互感器(TV)，如同 2-3 所示。如果电流、电压两者之一需要扩大量程时，也可以只使用一种互感器。

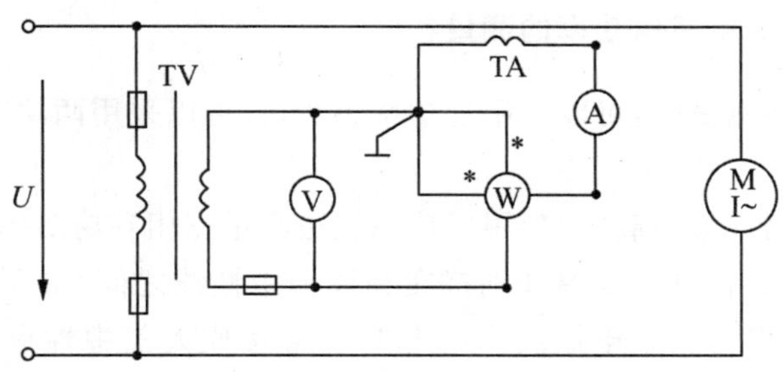

图 2-3　利用互感器测量单相交流电功率

这里指出，被测电机的功率因数对功率测量结果影响很大。普通功率表是按 $\cos\varphi=1$ 来校准的，适合功率因数较高的电机实验中使用；在电机空载运行时，因为电机的功率因数很低。所以应选用低功率因数的功率表，一般分为 $\cos\varphi=0.1$ 和 $\cos\varphi=0.2$ 两种。

在小功率电机测试时，仪表所消耗的功率往往不能忽略，这时应该区别仪表在测量线路中不同接法而采用相应的修正方法。小功率电机测试时，建议采用如图 2-4 所示的接线。

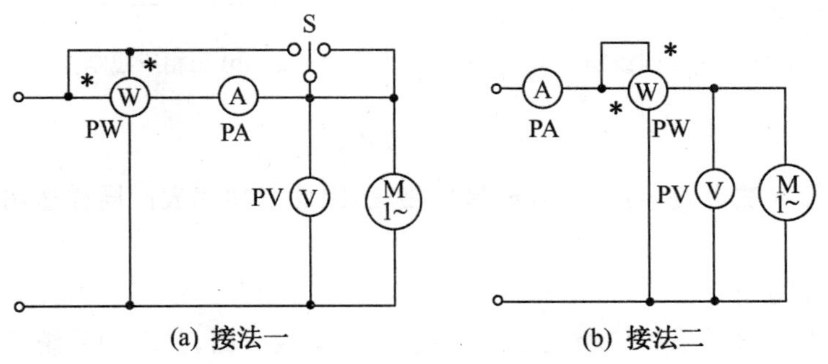

图 2-4　小功率电机测试的原理接线图

按图 2-4(a)方法接线时，电流表、功率表的电流线圈及连接导线的损耗 P_A 由式(2-14)计算，并应将它们从测量结果中减掉

$$P_A=I^2(R_{PA}+R_{PW}+r) \tag{2-14}$$

式中：I 为电流表读数；R_{PA}为电流表内阻；R_{PW}为功率表电流线圈内阻；r 为功率表到负载端连接导线(包括开关等)的电阻。

当按图 2-4(b)方法接线时。电压表的损耗 P_{PV}，和功率表电压线圈回路的损耗 P_{PW} 按式(2-15)和式(2-16)计算，并应将它们从测量结果中减掉

$$P_{PV}=\frac{U^2}{R_{PV}} \tag{2-15}$$

$$P_{PW}=\frac{U^2}{R_{PW}} \tag{2-16}$$

式中：U 为电压表读数；R_{PV}为电压表线圈回路总电阻：R_{PW}为功率表电压线圈回路总电阻(包括外接附加电阻)。

2.6.3 三相交流电机电功率的测量

三相交流电功率测量时，可以采用三功率表法，也可以采用两功率表法。

1. 三功率表法

对于三相四线制星形负载电路，用三功率表法测量三相有功功率时，各功率表的电流线圈与三相线路串联，各电压线圈分别接在相线和中性线之间，如图 2-5(a)所示。在三相三线制情况下，可以将三个电压线圈的非“ * ”端接成人工中性点，如图 2-5(b)所示。理论上，人工中性点与中性线等电位，因此可以连接起来，也可以不连接，不会对测量结果产生影响。三相电路的总功率为三块功率表读数之和。三相电路可以是对称的，也可以是不对称的。

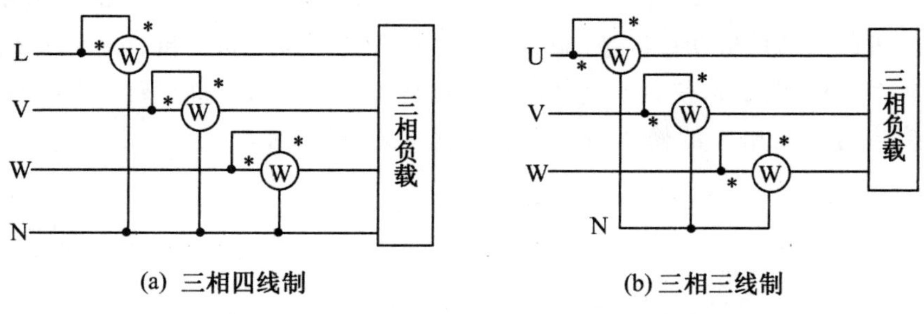

图 2-5 三功率表法

对于三角形接法电路，可以等效成星形接法，因此三功率表法同样适用于三角形接法负载。

2. 两功率表法

三相交流电机普遍采用三相三线制，一般无中性线引出，其三相系统又都是三相对称的。在测量三相功率时，可以采用三功率表法，但更广泛使用的是两功率表法，如图 2-6 所示。

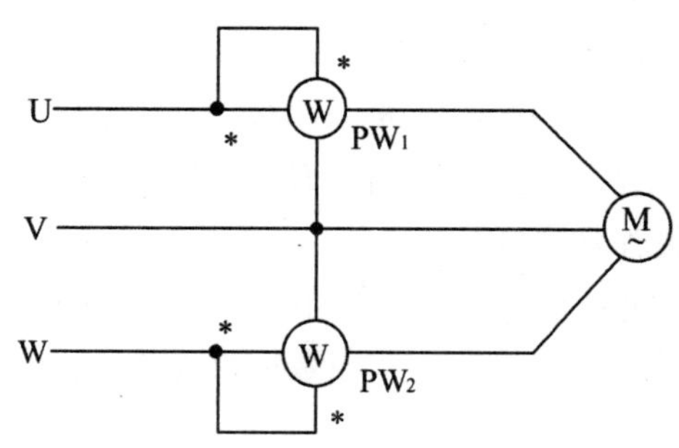

图 2-6 两功率表法

本质上，两功率表法是三功率表法的一种特例。如果将三功率表法的人工中性点移到三相中的任意一相上，如 V 相，则 V 相功率表因电压线圈承受零电压而始终为零功率，因此 V 相功率表可不用。这样只有 U、W 两相的功率表有功率指示。这两块功率表各自的读数是没有意义的，它们的读数的代数和才是三相总功率，证明如下：

当三相交流电机电枢绕组为星形接法或等效成星形接法时，电机的相量图如图 2-7 所示。图中 U_U，U_V，U_W 为三相对称相电压；I_U，I_V，I_W 为三相对称相（线）电流；U_{UV}，U_{VW}，U_{WU}为线电压；φ 为功率因数角。

由相量图可知

$$\left.\begin{aligned} U_{UV}=U_{VW}=U \\ I_U=I_V=I_W \end{aligned}\right\} \tag{2-17}$$

两功率表读数分别为

$$\left.\begin{aligned} P_1=UI\cos(30°-\varphi) \\ P_2=UI\cos(30°+\varphi) \end{aligned}\right\} \tag{2-18}$$

两功率表读数的代数和为

$$\begin{aligned} P &= P_1+P_2 \\ &= UI[\cos(30°-\varphi)+\cos(30°+\varphi)] \\ &= 2UI\cos30°\cos\varphi \\ &= \sqrt{3}UI\cos\varphi \end{aligned} \tag{2-19}$$

显然，两功率表读数的代数和即为三相总功率。

由式(2-18)可知，两功率表法读数的大小和符号将随功率因数角 φ 的变化而变化，变化规律如图 2-8 所示。

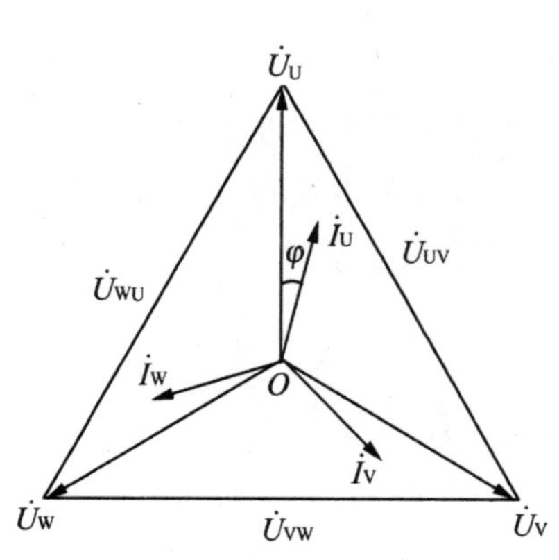

图 2-7　三相交流电动机的相量图

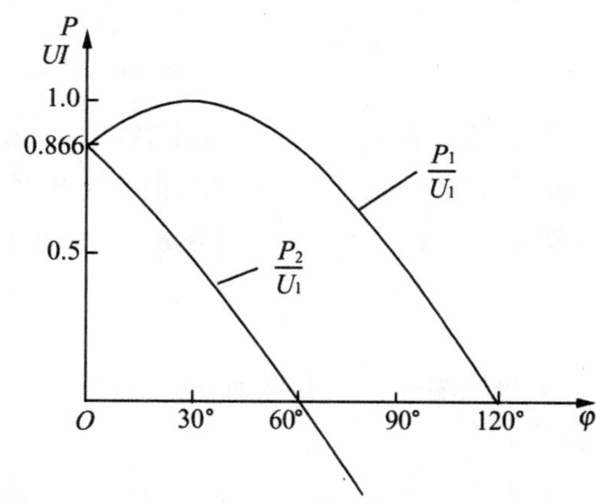

图 2-8　P_1、P_2 与 φ 的关系

2.7　电机转速和转差率的测量

转速是各类旋转电机运行过程中一个重要的物理量，一般用转子的每分钟转数表示。交流异步电动机的转速可以用转差率来表示。

2.7.1　转速的测量

大多数转速测量是测量电机稳态转速，在研究电机动态过程中也需要测量电机的瞬时转速。测量电机转速的方法主要有日光灯法、光电数字测速法、测速发电机法和离心式转速表法等。

1. 日光灯法

日光灯法是测量交流电机转速时常用的一种简便方法。在 50Hz 电源条件下，日光灯的实际闪光频率为 100 次/s，闪频周期为 10ms，而人的视觉暂留时间约为 60ms，远大于日光灯的闪频周期，这样，人的眼睛就感觉不到灯光的闪动而认为日光灯一直在发光。利用日光灯的上述特性就可以测量交流电机的转速或转差率。

测量时，在电机的轴端画出标记，如图 2-9 所示。分别对应二极、四极和六极交流电机。当电机以同步速旋转时，用日光灯照在轴端标记上，眼睛看到的图案标记将静止不动。例如，对于极对数 $P=1$ 的交流电机，以同步速 $n_1=3000\text{r/min}$ 旋转，其转速为50r/s，而日光灯每秒闪 100 次，即电机每转过半周，日光灯闪亮 1 次。如果日光灯第一次闪亮时，轴端标记的位置如图 2-9(a)所示，那么当日光灯第二次闪亮时，由于电机转过了半周，轴端标记中的 1、2 标记位置交换。但人的眼睛并没有感觉到这种变化，看到的只是静止不动的标记。

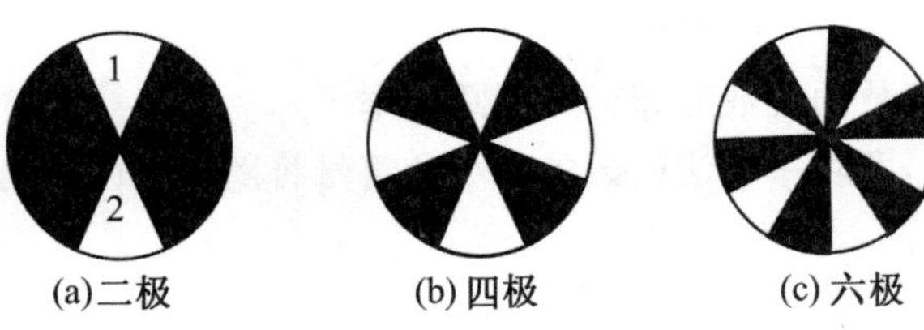

图 2-9　日光灯测速的轴端标记

当交流电机的转差率比较小时，用日光灯测定转差率很方便。如果，电机略低于同步转速运行，则眼睛看到的轴端标记将逆电机转向缓慢旋转，用秒表测定每分钟转过的圈数，即为电机转速 n 与同步转速 n_1 之间的转速差 Δn，定义转差率为

$$s=\frac{n_1-n}{n_1}=\frac{\Delta n}{n_1} \tag{2-20}$$

如果轴端标记顺着电机转向缓慢旋转，则电机转速略大于同步速。这时转差率为负值。

转差率测定后可按下式计算出电机转速。即

$$n=(1-s)n_1 \tag{2-21}$$

当交流电机转速偏离同步转速较多，即转差率比较大时，由于眼睛看到的轴端标记转动比较快，每分钟转速的记数困难，因而限制了本方法的应用。

2. 光电数字测速

光电数字测速目前已获得广泛应用，具有测量范围广、准确度高、数字显示和可测量瞬时速度等优点。所用光电转速传感器为非接触式传感器，其结构简单、分辨率高、惯性小。其原理是通过传感器将速度信号转化成脉冲频率信号，再转换成电信号以测量转速。光电数字测速传感器有投射式和反射式两种。

(1)投射式光电数字测速传感器

投射式光电数字测速传感器原理示意图如图 2-10 所示。在被测电机轴上安装一个测试盘(齿圆盘或孔圆盘),圆盘上有 Z 个均匀齿槽或圆孔,一般 Z 为 60 或 60 的整数倍。当光束通过槽部或小孔时,投射到光敏二极管上产生电信号,当光束被齿部或无孔部分遮住时,光敏二极管无信号。光敏二极管产生的脉冲信号频率正比于电机转速 n。

(2)反射式光电数字测速传感器

一种反射式光电数字测速传感器原理示意图如图 2-11 所示,由电光源发出光线通过下面的透镜成为平行光线后,经过半透明膜反射并穿过右上方的透镜,聚焦在被测轴的标记上。当光束射在白块上时产生反射光,经过右上方的透镜变成平行光,其中穿过半透明膜的光线,经左上方的透镜聚焦在光敏二极管上产生脉冲信号,光敏二极管产生的脉冲信号频率正比于电机转速 n。

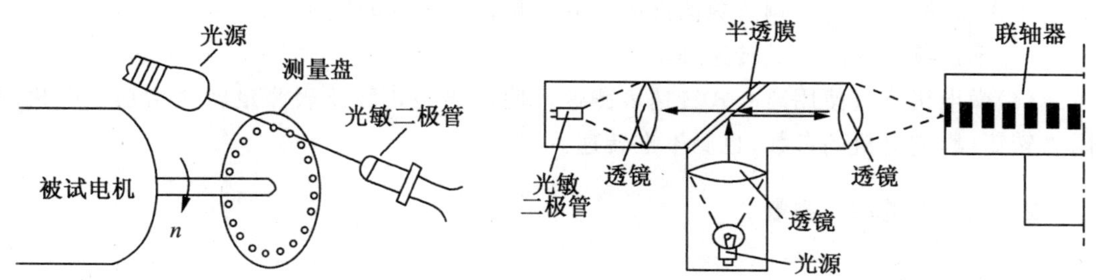

图 2-10 投射式光电数字测速传感器原理图

图 2-11 反射式光电数字测速传感器原理图

另一种反射式光电数字测速传感器原理示意图如图 2-12 所示,图中 V_1 为发光二极管,V_2 为光敏三极管,两只光电元件并排安放。当两只光电元件末对准反光片时,因为发光二极管发出的红外光照不到光敏三极管,所以光敏三极管截止;当两只光电元件对准反光片时,反光片将发光二极管发出的红外光反射到光敏三极管,光敏三极管因而被触发导通。光敏三极管产生的脉冲信号频率正比于电机转速。

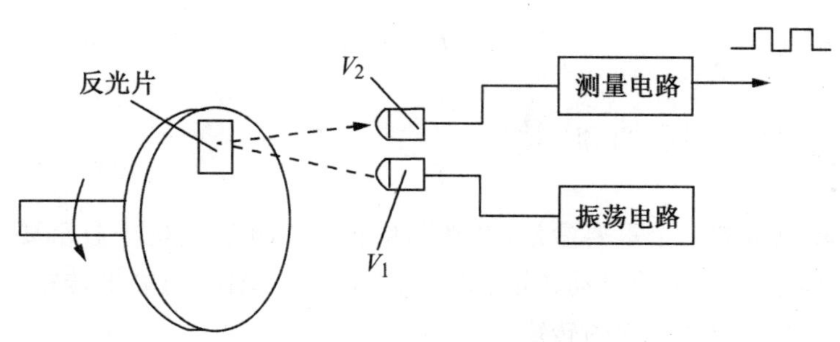

图 2-12 另一种反射式光电数字测速传感器原理图

3. 测速发电机

在被测电机轴端连接一台测速发电机。通常采用永磁式测速发电机。由于测速发电机感应电动势表达式为

$$E=C_e\Phi n \tag{2-22}$$

因此,在磁通量 Φ 一定时,感应电动势将与转速成正比。根据这个原理,可以将测速发电机的输出电压接一台直流电压表,电压表刻度换算到相应的转速后,即可直接读出

转速。

4. 离心式转速表法

离心式转速表是利用离心原理制成的测速仪表，可以直接读出转速。使用离心式转速表时，将转速表的端头插入电机转轴的中心孔内，当指针稳定后就可以将转速读出。

使用离心式转速表应该注意：

(1)选择合适的量程。转速表的量程要选择得略高于电机最高转速。如果选得太高会影响读数的精确度；太小则会使读数超出量程，容易损坏仪表。另外在使用过程中不允许改变量程，以免将齿轮损坏。

(2)保持转速表和电机轴同心。转速表测速时应该保持它的转轴与电机轴同心，不可以上下左右偏移，以免影响读数的准确性并影响转速表轴的寿命。

(3)不连续使用离心式转速表。

(4)微电机不宜使用离心式转速表测速。使用离心式转速表测量转速增加了电机的阻力转矩，影响电机的参数，也测不准转速。

2.7.2 转差率的测量

1. 日光灯法

其测量原理参见日光灯法测转速。

2. 感应线圈法

感应线圈法是利用感应线圈测量转子频率来测得电机的转差率。

用一个匝数很多的(数千匝)的铁心线圈放置在交流电机轴端附近，利用转子电流产生的轴端漏磁场在铁心线圈中产生感应电动势，该电动势转差频率为 f_2。将线圈接到零位在中间的检流计，配合秒表，测量在 t 秒内检流计来回摆动的次数为 N，则转子电流频率为 $f_2=N/t$，而电机的转差率为

$$s=\frac{f_2}{f_1}=\frac{N}{tf_1} \tag{2-23}$$

2.8 电机转矩的测量

转矩是旋转电机的一个重要参量，准确测量转矩对旋转电机十分重要。转矩测量可以区分以下几种情况：电机的启动转矩、电机稳态运行时轴上的输出转矩，以及电机从启动到空载运行的整个起动过程的转矩。

电机转矩测量的常用方法主要包括：测功机法、校正过的直流电机法、转矩仪法等。

2.8.1 测功机法

测功机是根据力的平衡原理设计的。应用测功机可以测量电机的稳态转矩或最初起始转矩。常见的测功机有机械测功机、涡流测功机、磁粉测功机和直流电机测功机等。

1. 机械测功机

机械测功机结构如图 2-13 所示，图中的空心摩擦轮 1 装在被测电机的轴上，电机旋

转时制动带 2 与摩擦轮 1 之间摩擦力产生制动力，并通过测功机的臂 8 作用到磅秤 7(或弹簧秤)上，电机轴上的转矩为

$$T=9.81(F-F_0)l \quad (\mathrm{N\cdot m}) \tag{2-24}$$

式中：F_0 为无摩擦力时磅秤的读数(kg)；F 为摩擦制动力作用时，磅秤的读数。l 为测功机的臂长(m)；T 为电机轴上的转矩(N·m)。

如果需要测量电机的最初起动转矩，可以把手轮 4 拧紧，使电机堵转，则按式(2-24)即可求得。也可以用拉压式转矩传感器代替磅秤，直接用数字显示被测转矩。

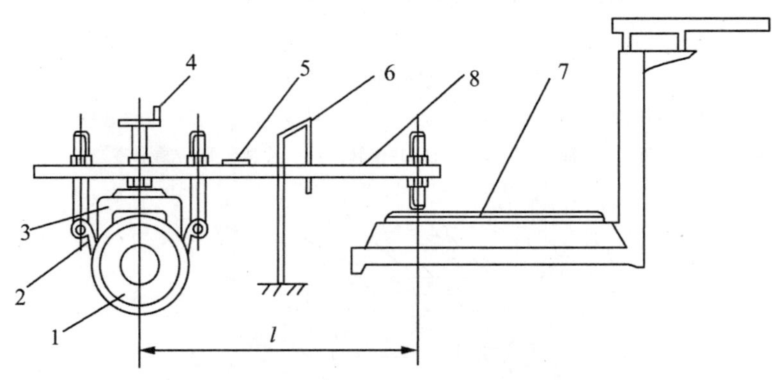

图 2-13　机械测功机结构图

1—空心摩擦轮　2—制动带　3—硬木块　4—手轮　5—水平仪

6—安全架　7—磅秤　8—测功机的臂

2. 涡流测功机

涡流测功机结构如图 2-14 所示，被测电机与转轴 7 连接，带动钢盘 6 旋转，励磁绕组 4 中通直流电产生恒定磁场，经钢盘 6 和相邻磁极构成闭合磁回路，旋转的钢盘将切割磁场、感应涡流并产生制动转矩，同时磁极因反作用力矩将顺电机转向偏转一个角度，最终与平衡锤 1 的力矩相平衡，指针 2 将与磁极一起偏转并指示转矩值。改变励磁电流，可以平滑地调节制动转矩。

3. 磁粉测功机

磁粉测功机结构如图 2-15 所示，其定转子之间的气隙中添加了高导磁率的磁粉。励磁绕组中无励磁电流时磁粉杂乱无序，不产生制动力矩。励磁绕组 1 中通以励磁电流后产生气隙磁场，磁粉被气隙磁场磁化使测功机产生制动力矩并使定子偏转一个角度后与重锤力矩相平衡。磁粉通常采用铬钢材料，制成球形颗粒，具有良好的磁性能及耐热性、耐磨性和流动性。磁粉测功机的控制特性如图 2-16 所示，其制动转矩与励磁电流大致成正比关系。

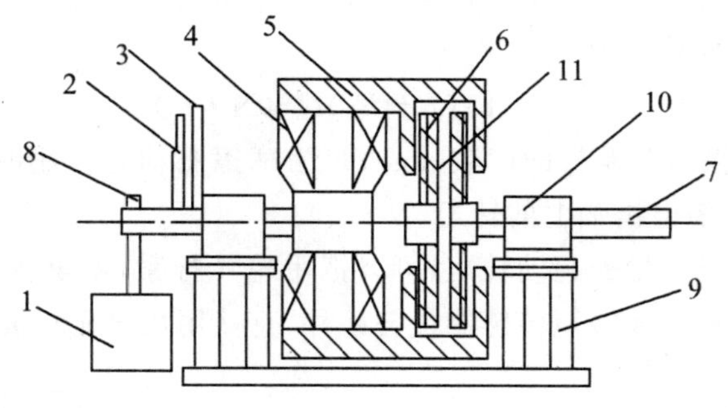

图 2-14 涡流测功机结构图

1—平衡锤 2—指针 3—刻度盘 4—励磁绕组 5——可偏转磁极 6—钢盘 7—转轴 8—轴(磁极、指针与此共偏转) 9—支架 10—轴承座 11—风叶片

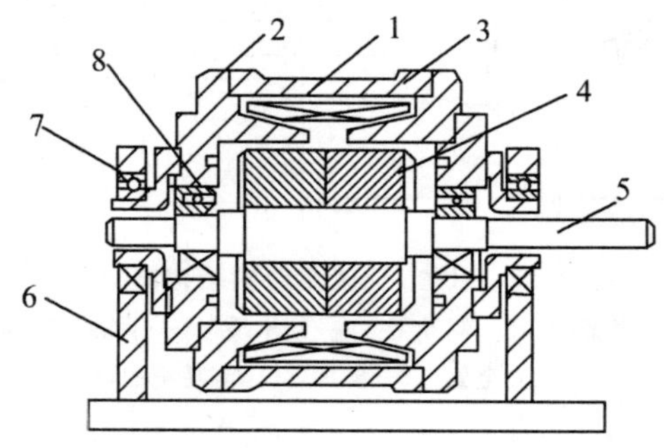

图 2-15 磁粉测功机结构图

1—励磁绕组 2—定子铁心 3—导磁壳体 4—转子铁心 5—轴 6—机架 7、8—轴承

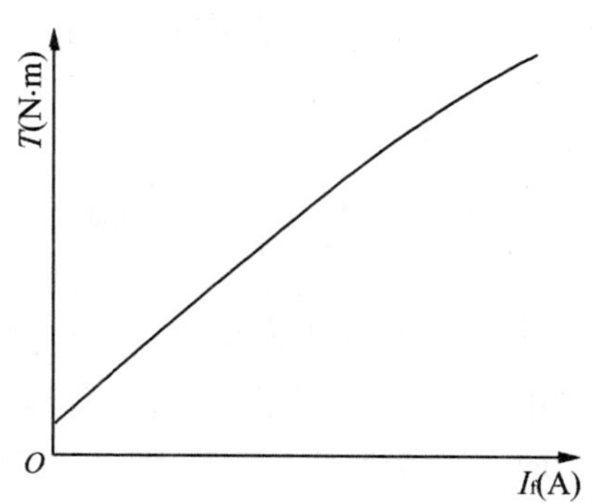

图 2-16 磁粉测功机的控制特性

4. 电机测功机

电机测功机结构如图 2-17 所示，直流电机测功机定子受到力矩作用后，可偏转一定角度，用杠杆装置对定子施加平衡力矩，并由测力计指示轴上转矩的大小。当被测电机为电动机时，测功机作为发电机运行；当被测电机为发电机时，测功机作为电动机运行。

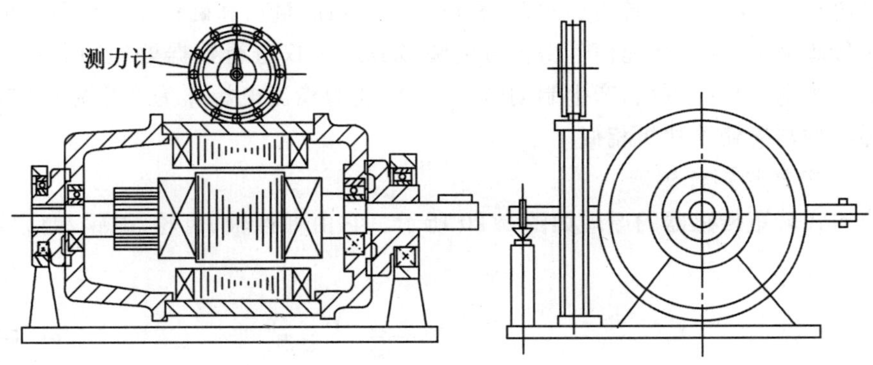

图 2-17　电机测功机结构图

测功机的机械损耗会给转矩测量带来误差，应对转矩值加以修正，方法如下：将测功机作为电动机空载运行，这时轴上输出转矩为零，但由于测功机的机械损耗而使测力计有一不大的读数，记录这个转矩修正值；试验时，当测功机作为发电机运行时轴上的实测转矩为转矩指示值加上上述转矩修正值，当测功机作为电动机运行时，则反之。

2.8.2　校正过的直流电机法

直流电机的校正是指用高准确度的测功设备实测直流电机在指定状态下的转矩特性 $T=f(I_a)$，I_a 为电枢电流，高准确度的测功设备是指 0.5 级以上的测功机或转矩仪等。当被测电机为电动机时，直流电机的校正应在发电机状态下进行；当被测电机为发电机时，直流电机的校正应在电动机状态下进行。

将直流电机作他励状态，校正前反复增大和减小励磁，使被校电机的剩磁稳定，然后将励磁电流调节到所需数值并在校正实验过程中保持不变，待电机轴承、电刷等的摩擦损耗稳定后，在稳定转速下测取电枢电流和对应的转矩，并绘制转矩曲线 $T=f(I_a)$，然后改变电机转速重复测取转矩特性，如图 2-18 所示。

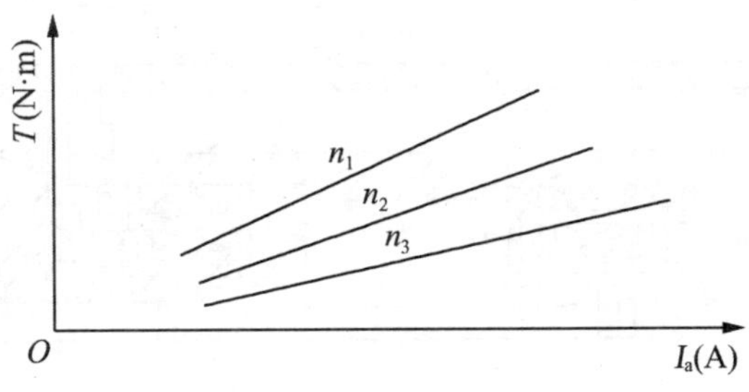

图 2-18　直流电机的校正曲线

用校正过的直流电机来测定电机轴上的转矩时，只需测取稳态运行的直流电机的电枢电流和转速，然后查取对应的校正曲线 $T=f(I_a)$，就可以查到被测电机轴上的转矩值。

2.8.3　转矩仪法

目前数字式转矩仪的应用已相当广泛。典型的小型电动机测试系统如图 2-19 所示，它由被试电动机、相位差式转矩传感器、相位差式转矩测量仪和磁粉制动器等组成。相位差式转矩传感器的转矩、转速信号由信号电缆送到转矩仪进行数据处理和数字显示。磁粉制动器作为电动机的负载，产生制动转矩，由单独的稳流电源作为产生磁场的激励源，其原理和结构与磁粉测功机相似。

1. 相位差式转矩传感器

相位差式转矩传感器的原理如图 2-20 所示。它由弹性轴、齿轮、磁钢和信号线圈等组成。

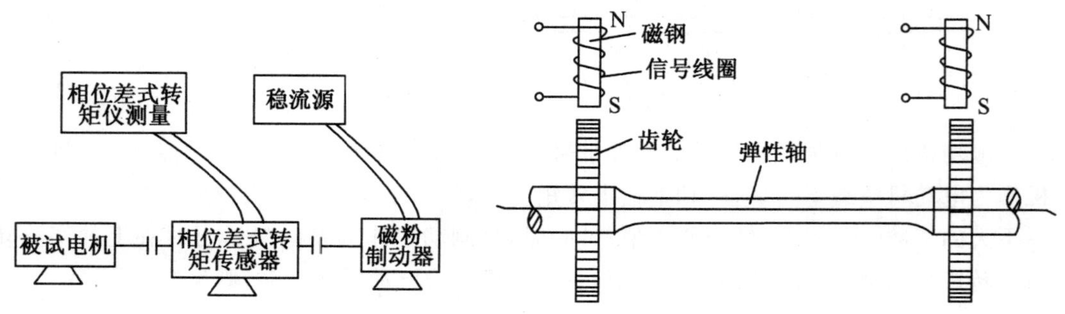

图 2-19　典型小型电动机测试系统　　　　图 2-20　相位差式转矩传感器的原理图

当弹性轴旋转时，永磁体与齿轮之间的气隙磁导发生周期性变化，使信号线圈中的磁通量也发生周期性的变化，于是信号线圈中产生感应电动势。当弹性轴受到转矩作用时，轴的一端向另一端将产生一个扭转角 $\Delta\theta$，在弹性限度内，扭转角与转矩 T 成正比，即

$$\Delta\theta = KT \tag{2-25}$$

此时，两个信号线圈中的感应电动势的相位角也将随转矩成正比变化。用标准时钟脉冲去度量这一相位差角，也就测得了作用于轴上的转矩大小。这就是相位差式转矩传感器的工作原理，图 2-21 为相位差式转矩传感器结构示意图。

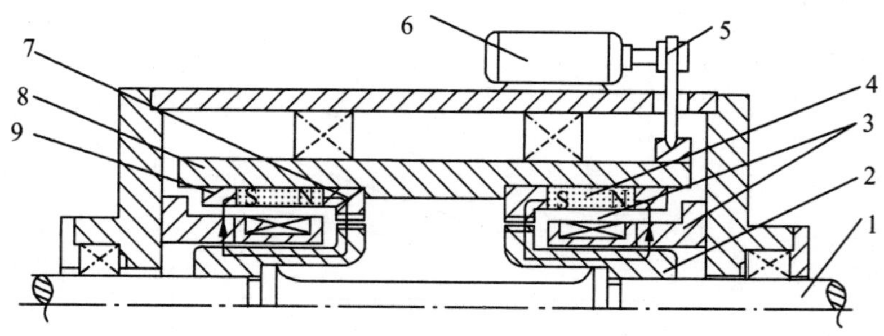

图 2-21　相位差式转矩传感器结构示意图

1—弹性轴　2—外齿轮　3—信号线圈及支架　4—永久磁铁　5—三角皮带
6—电动机　7—内齿轮　8—旋转套筒　9—导磁环

2. 相位差式转矩测量仪

通用型数字式转矩仪就是一种相位差式转矩测量仪，其原理框图如图 2-22 所示。

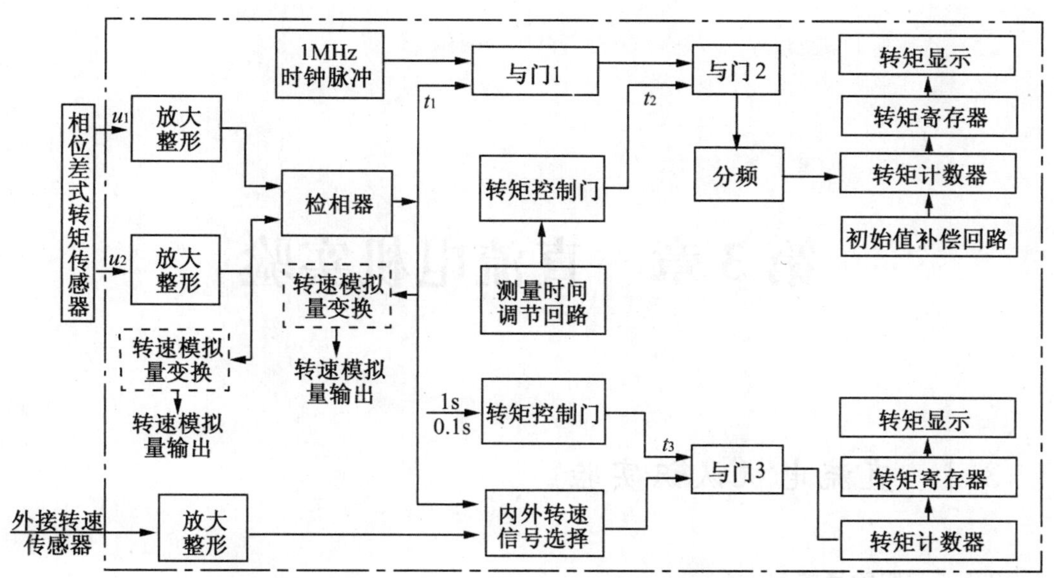

图 2-22　通用型数字式转矩仪的原理框图

相位差式转矩传感器的两路信号电压 u_1、u_2 经过放大整形后进入检相器，检相器作 $u_2 \cdot u_1$ 的逻辑运算后，输出相位差信号，该信号用 1MHz 的时钟脉冲填充。在转矩测量时间 t_2 内，经分频器适当分频后，由转矩计数器计数，并由数字显示转矩值。转矩仪直接对信号 u_1 或 u_2 计数，还可以同时测量电机转速。

目前，高性能数字式转矩仪的时钟脉冲频率已达到 40MHz 以上，最快响应时间可达到 1μs 不仅可以用来测量电机的稳态转矩和转速，而且可以测量瞬态转矩和转速。

第3章　直流电机实验

3.1　直流电机认识实验

3.1.1　实验目的

1. 学习电机实验的基本要求与安全操作注意事项。

2. 认识在直流电机实验中所用的电机、仪表、变阻器等组件及使用方法。

3. 熟悉他励电动机(即并励电动机按他励方式)的接线、启动、改变电机转向与调速的方法。

3.1.2　预习要点

1. 如何正确选择使用仪器仪表,特别是电压表电流表的量程。

2. 直流电动机启动时,为什么在电枢回路中需要串接启动变阻器?不串接会产生什么严重后果?

3. 直流电动机启动时,励磁回路串接的磁场变阻器应调至什么位置?为什么?若励磁回路断开造成失磁时,会产生什么严重后果?

4. 直流电动机调速及改变转向的方法。

3.1.3　实验项目

1. 了解DD01电源控制屏中的电枢电源、励磁电源、变阻器、多量程直流电压表、电流表及直流电动机的使用方法。

2. 直流他励电动机的启动、调速及改变转向。

3.1.4　实验设备及控制屏上挂件排列顺序

1. 实验设备(见表3-1)

表 3-1

序号	型 号	名 称	数 量
1	DD03	导轨、测功机及转速表	1台
2	DJ23	直流电动机	1台
3	DJ15	直流并励电动机	1台
4	D31	直流数字电压、毫安、安培表	2件
5	D42、D42	三相可调电阻器	2件
6	D44	可调电阻器、电容器	1件
7	D51	开关	1件
8	D55-4	测功机控制箱	1件

2. 控制屏上挂件排列顺序

D55-4,D31,D42,D41,D51,D31,D44

3.1.5 实验说明及操作步骤

1. 由实验指导人员介绍DDSZ-1型电机及电气技术实验装置各面板布置及使用方法,讲解电机实验的基本要求、安全操作步骤和注意事项。

2. 直流仪表和变阻器的选择是根据电机的额定值和实验中可能达到的最大值来选择,变阻器根据实验要求来选用,并按电流的大小选择串联、并联或串并联的接法。

(1)电压表量程的选择。如测量电动机两端为220V的直流电压,选用直流电压表为1000V量程挡。

(2)电流表量程的选择。因为直流并励电动机的额定电流为1.2A,测量电枢电流的电表A_3可选用直流电流表的5A量程挡;额定励磁电流小于0.16A,电流表A_1选用200mA量程挡。

(3)电机额定转速为1600r/min,转速表为数字显示。

(4)变阻器的选择。变阻器选用的原则是根据实验中所需的阻值和流过变阻器最大的电流来确定,电枢回路R_1可选用D44挂件的1.3A的90Ω与90Ω串联电阻,磁场回路R_{f1}可选用D44挂件的0.41A的900Ω与900Ω串联电阻。

3. 直流他励电动机的启动准备

按图3-1接线,图中直流他励电动机M用DJ15,其额定功率$P_N=185W$,额定电压$U_N=220V$,额定电流$I_N=1.2A$,额定转速$n_N=1600r/min$,额定励磁电流$I_{fN}<0.16A$。CG作为测功机,直流电流表选用D31,R_{f1}用D44的1800Ω阻值作为直流他励电动机励磁回路串接的电阻,R_1选用D44的180Ω阻值作为直流他励电动机的启动电阻。

4. 他励直流电动机启动步骤

操作步骤:

(1)检查图3-1的接线是否正确,电表的极性、量程选择是否正确,电动机励磁回路接线是否可靠。然后,将电动机电枢串联启动电阻R_1调至最大值,直流电动机(M)的磁场

调节电阻 R_{f1} 调到最小位置，并断开控制屏下方右边的电枢电源开关，作好启动准备。

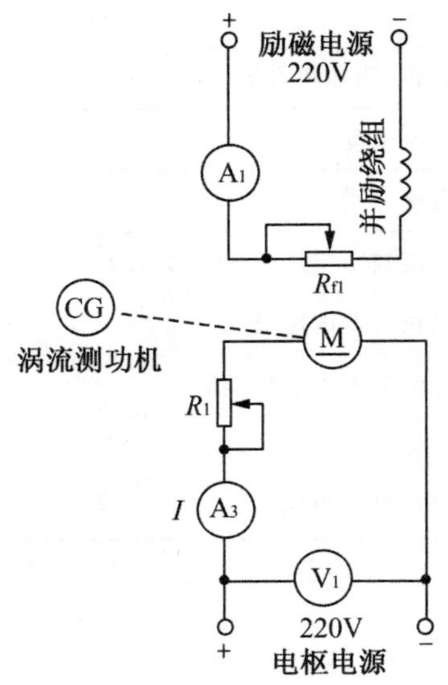

图 3-1　直流他励电动机接线图

(2)开启控制屏上的电源总开关，按下其上方的“开”按钮，接通其下方左边的励磁电源开关，再接通控制屏右下方的电枢电源开关，使 M 启动。

(3)调节控制屏上电枢电源“电压调节”旋钮，保持电动机端电压为 220V。减小电枢回路串联启动电阻 R_1 直至短接。

(4)调节 D55-4 挂件下方，“给定调节”旋钮，先逆时针调至最小，再按调零“按钮”数秒，然后，顺时针调节“给定调节”旋钮，同时，观察电流表使直流电动机的电枢电流逐渐上升，在空载电流至 1.2 倍额定电流范围测取数据。

(5)调节他励电动机的转速分别改变串入电动机 M 电枢回路的调节电阻 R_1 和励磁回路的调节电阻 R_{f1}，观察转速变化情况。

(6)改变电动机的转向。将电枢串联启动变阻器 R_1 的阻值调回到最大值，先切断控制屏上的电枢电源开关，然后切断控制屏上的励磁电源开关，使他励电动机停机。在断电情况下，将电枢(或励磁绕组)的两端接线对调后，再按他励电动机的启动步骤启动电动机，并观察电动机的转向。

注意事项：

①直流他励电动机启动时，须将励磁回路串联的电阻 R_{f1} 调至最小，先接通励磁电源，使励磁电流最大，同时必须将电枢串联启动电阻 R_1 调至最大，然后方可接通电枢电源，使电动机正常启动。启动后，将启动电阻 R_1 调至零，使电机正常工作。

②直流他励电动机停机时，必须先切断电枢电源，然后断开励磁电源，同时必须将电枢串联的启动电阻 R_1 调回到最大值，励磁回路串联的电阻 R_{f1} 调回到最小值，给下次启动作好准备。

③测量前注意仪表的量程、极性及其接法，是否符合要求。

④电动机的转矩 T_2、转速 n、输出功率 P_2 在测功机控制箱 D55-4 读取。

⑤测功机控制箱(D55-4)挂件下方,“给定调节”旋钮,一定要先逆时针调至最小位置,确实保证电动机空载启动。

3.1.6 实验报告

1. 画出直流他励电动机电枢串电阻起动的接线图。说明电动机启动时,启动电阻R_1和磁场调节电阻R_{f1}应调到什么位置?为什么?

2. 在电动机轻载及额定负载时,增大电枢回路的调节电阻,电机的转速如何变化?增大励磁回路的调节电阻,转速又如何变化?

3. 用什么方法可以改变直流电动机的转向?

4. 为什么要求直流他励电动机磁场回路的接线要牢靠?启动时电枢回路必须串联启动变阻器?

3.2 直流发电机

3.2.1 实验目的

1. 掌握用实验方法测定直流发电机的各种运行特性,并根据所测得的运行特性评定该被试电机的有关性能。

2. 通过实验观察并励发电机的自励过程和自励条件。

3.2.2 预习要点

1. 什么是发电机的运行特性?在求取直流发电机的特性曲线时,哪些物理量应保持不变?哪些物理量应测取?

2. 做空载特性实验时,励磁电流为什么必须保持单方向调节?

3. 并励发电机的自励条件有哪些?当发电机不能自励时应如何处理?

4. 如何确定复励发电机是积复励还是差复励?

3.2.3 实验项目

1. 他励发电机实验

(1)测空载特性 保持$n=n_N$使$I_L=0$,测取$U_o=f(I_f)$。

(2)测外特性 保持$n=n_N$使$I_f=I_{fN}$,测取$U=f(I_L)$。

(3)测调节特性 保持$n=n_N$使$U=U_N$,测取$I_f=f(I_L)$。

2. 并励发电机实验

(1)观察自励过程

(2)测外特性 保持$n=n_N$使$R_{f2}=$常数,测取$U=f(I_L)$。

3. 复励发电机实验

积复励发电机外特性保持$n=n_N$使$R_{f2}=$常数,测取$U=f(I_L)$。

3.2.4 实验设备及挂件排列顺序

1. 实验设备(见表 3-2)

表 3-2

序号	型 号	名 称	数 量
1	DD03	导轨、测功机及转速表	1 台
2	DJ23	直流电动机	1 台
3	DJ13	直流复励发电机	1 台
4	D31	直流数字电压、毫安、安培表	2 件
5	D44	可调电阻器、电容器	1 件
6	D51	波形测试及开关板	1 件
7	D42	三相可调电阻器	1 件
8	D55-4	测功机控制箱	1 件

2. 屏上挂件排列顺序

D55-4,D31,D44,D31,D42,D51

3.2.5 实验方法

1. 他励直流发电机

按图 3-2 接线,图中直流发电机 G 选用 DJ13,其额定值 $P_N=100W$,$U_N=200V$,$I_N=0.5A$,$n_N=1600r/min$,直流电动机 MG 作为 G 的原动机(按他励电动机接线),MG、G 及 CG 由联轴器直接连接,开关 S 选用 D51 组件,R_{f1} 选用 D44 的 1800Ω 变阻器,R_{f2} 选用 D42 的 900Ω 变阻器,并采用分压器接法。R_1 选用 D44 的 180Ω 变阻器,R_2 为发电机的负载电阻选用 D42,采用串并联接法(900Ω 与 900Ω 电阻串联加上 900Ω 与 900Ω 并联),阻值为 2250Ω。当负载电流大于 0.4A 时用并联部分,而将串联部分阻值调到最小并用导线短接。

直流电流表、电压表选用 D31、并选择合适的量程。

(1)测空载特性

操作步骤:

①把发电机 G 的负载开关 S 打开,接通控制屏上的励磁电源开关,将 R_{f2} 调至使 G 励磁电压最小的位置。

②使 MG 电枢串联启动电阻 R_1 阻值最大,R_{f1} 阻值最小。仍先接通控制屏下方左边的励磁电源开关,在观察到 MG 的励磁电流为最大的条件下,再接通控制屏下方右边的电枢电源开关,启动直流电动机 MG,其旋转方向应符合正向旋转的要求。

③电动机 MG 启动正常运转后,将 MG 电枢串联电阻 R_1 调至最小值,将 MG 的电枢电源电压调为 220V,调节电动机磁场调节电阻 R_{f1},使发电机转速达额定值,并在以后整

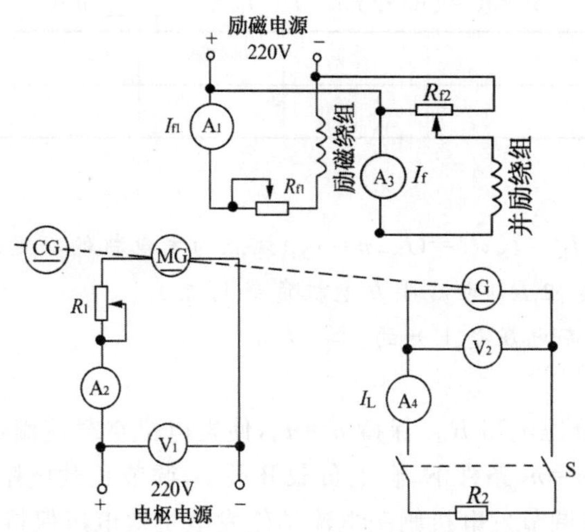

图 3-2 直流他励发电机接线图

个实验过程中始终保持此额定转速不变。

④调节发电机励磁分压电阻 R_{f2}，使发电机空载电压达 $U_0=1.2U_N$ 为止，共测取 7～8 组数据，记录于表 3-3 中。

表 3-3　　$n=n_N=1600\text{r/min}$　$I_L=0$

U_0(V)									
I_f(mA)									

注意事项：

①在保持 $n=n_N=1600\text{r/min}$ 条件下，从 $U_0=1.2U_N$ 开始，单方向调节分压器电阻 R_{f2} 使发电机励磁电流逐次减小，每次测取发电机的空载电压 U_0 和励磁电流 I_f，直至 $I_f=0$（此时测得的电压即为电机的剩磁电压）。

②测取数据时 $U_0=U_N$ 和 $I_f=0$ 两点必测，并在 $U_0=U_N$ 附近测点应较密集一些。

(2)测外特性

操作步骤：

①把发电机负载电阻 R_2 调到最大值，合上负载开关 S。

②同时调节电动机的磁场调节电阻 R_{f1}，发电机的分压电阻 R_{f2} 和负载电阻 R_2 使发电机的 $I_L=I_N$，$U=U_N$，$n=n_N$，该点为发电机的额定运行点，其励磁电流称为额定励磁电流 I_{fN}，记录该组数据。

③在保持 $n=n_N$ 和 $I_f=I_{fN}$ 不变的条件下，逐次增加负载电阻 R_2，即减小发电机负载电流 I_L，从额定负载到空载运行点范围内，每次测取发电机的电压 U 和电流 I_L，直到空载（断开开关 S，此时 $I_L=0$），共取 6～7 组数据，记录于表 3-4 中。

表 3-4 $n=n_N=1600r/min$ $I_f=I_{fN}=$________ mA

U(V)							
I_L(A)							

注意事项：

①调节发电机的($I_L=I_N,U=U_N,n=n_N$)该点为发电机的额定运行点。

②逐次增加负载电阻 R_2，即减小发电机负载电流 I_L。

③电流是下降的，而电压是上升的。

(3)测调整特性

①调节发电机的分压电阻 R_{f2}，保持 $n=n_N$，使发电机空载达额定电压。

②在保持发电机 $n=n_N$ 条件下，合上负载开关 S，调节负载电阻 R_2，逐次增加发电机输出电流 I_L，同时相应调节发电机励磁电流 I_f 使发电机端电压保持额定值 $U=U_N$。

③从发电机的空载至额定负载范围内每次测取发电机的输出电流 I_L 和励磁电流 I_f 共取 5～6 组数据记录于表 3-5 中。

表 3-5 $n=n_N=1600r/min$ $U=U_N=$________ V

I_L(V)							
I_f(mA)							

2. 并励发电机实验

(1)观察自励过程

①直流他励电动机停机时，必须先切断电枢电源，然后断开励磁电源，同时必须将电枢串联的启动电阻 R_1 调回到最大值，励磁回路串联的电阻 R_{f1} 调回到最小值，使电机 MG 停机。

②在断电的条件下将发电机 G 的励磁方式从他励改为并励，接线如图 3-3 所示。R_{f2} 选用 D42 的 900Ω 电阻两只相串联并调至最大阻值，打开开关 S。

③启动电动机，调节电动机的转速，使发电机的转速 $n=n_N$，用直流电压表量发电机是否有剩磁电压，若无剩磁电压，可将并励绕组改接成他励方式进行充磁。

④合上开关 S 逐渐减小 R_{f2}，观察发电机电枢两端的电压，若电压逐渐上升，说明满足自励条件。如果不能自励建压，将励磁回路的两个端头对调联接即可。

⑤对应着一定的励磁电阻，逐步降低发电机转速，使发电机电压随之下降，直至电压不能建立，此时的转速即为临界转速。

(2)测外特性

操作步骤：

①按图 3-3 接线启动直流电动机后，调节负载电阻 R_2 到最大，合上负载开关 S。

②调节电动机的磁场调节电阻 R_{f1}、发电机的磁场调节电阻 R_{f2} 和负载电阻 R_2，使发电机的转速、输出电压和电流三者均达额定值，即 $n=n_N,U=U_N,I_L=I_N$。

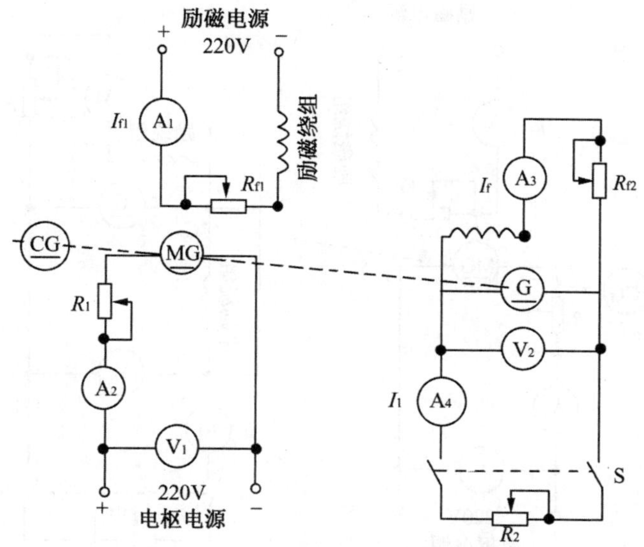

图 3-3 直流并励发电机接线图

③保持此时 R_{f2} 的值和 $n=n_N$ 不变，逐次减小负载，直至 $I_L=0$，从额定到空载运行范围内每次测取发电机的电压 U 和电流 I_L。读取 6～7 组数据，记录于表 3-6 中。

表 3-6 $n=n_N=$1600r/min $R_{f2}=$常值

U(V)							
I_L(A)							

注意事项：

①找额定点，即电压、电流、转速均达到额定值。

②以电流为准合理采集数据，额定点附近应密集些，且额定点必测。

③直流电动机 MG 启动时，要注意须将 R_1 调到最大，R_{f1} 调到最小，先接通励磁电源，观察到励磁电流 I_{f1} 为最大后，接通电枢电源，MG 启动运转。启动完毕，应将 R_1 调到最小。

④做外特性时，当电流超过 0.4A 时，R_2 中串联的电阻调至零并用导线短接，以免电流过大引起变阻器损坏。

3. 复励发电机实验

(1)积复励和差复励的判别

①接线如图 3-4 所示，R_{f2} 选用 D42 的 1800Ω 阻值。C_1，C_2 为串励绕组。

②合上开关 S_1 将串励绕组短接，使发电机处于并励状态运行，按上述并励发电机外特性试验方法，调节发电机输出电流 $I_L=0.5I_N$。

③打开短路开关 S_1，在保持发电机 n，R_{f2} 和 R_2 不变的条件下，观察发电机端电压的变化，若此时电压升高即为积复励，若电压降低则为差复励。

④如要把差复励发电机改为积复励，对调串励绕组接线即可。

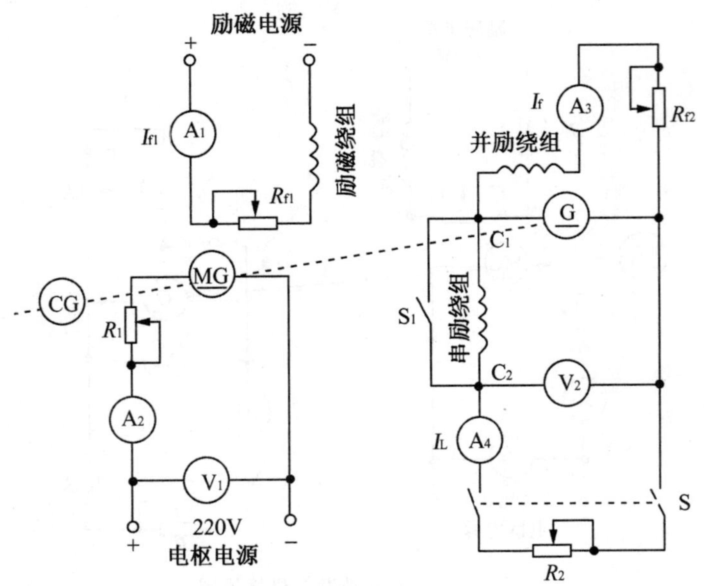

图 3-4　直流复励发电机接线图

(2)积复励发电机的外特性

①实验方法与测取并励发电机的外特性相同。先将发电机调到额定运行点,$n=n_N$,$U=U_N$,$I_L=I_N$。

②保持此时的 R_{f2} 和 $n=n_N$ 不变,逐次减小发电机负载电流,直至 $I_L=0$。

③从额定负载到空载范围内,每次测取发电机的电压 U 和电流 I_L,共取 6～7 组数据,记录于表 3-7 中。

表 3-7　　$n=n_N=$________ r/min　$R_{f2}=$常值

U(V)							
I_L(A)							

3.2.6　注意事项

1. 直流电动机 MG 启动时,要注意须将 R_1 调到最大,R_{f1} 调到最小,先接通励磁电源,观察到励磁电流 I_{f1} 为最大后,接通电枢电源,MG 启动运转。启动完毕,应将 R_1 调到最小。

2. 做外特性时,当电流超过 0.4A 时,R_2 中串联的电阻调至零并用导线短接,以免电流过大引起变阻器损坏。

3.2.7　实验报告

1. 根据空载实验数据,作出空载特性曲线,由空载特性曲线计算出被试电机的饱和系数和剩磁电压的百分数。

2. 在同一坐标纸上绘出他励、并励和复励发电机的三条外特性曲线。分别算出三种励磁方式的电压变化率：$\Delta U\%=\frac{U_O-U_N}{U_N}\times100\%$并分析差异原因。

3. 绘出他励发电机调整特性曲线，分析在发电机转速不变的条件下，为什么负载增加时，要保持端电压不变，必须增加励磁电流的原因。

3.2.8　思考题

1. 并励发电机不能建立电压有哪些原因？

2. 在发电机—电动机组成的机组中，当发电机负载增加时，为什么机组的转速会变低？为了保持发电机的转速 $n=n_N$，应如何调节？

3.3　直流并励电动机

3.3.1　实验目的

1. 掌握用实验方法测取直流并励电动机的工作特性和机械特性。
2. 掌握直流并励电动机的调速方法。

3.3.2　预习要点

1. 什么是直流电动机的工作特性和机械特性？
2. 直流电动机调速原理是什么？

3.3.3　实验项目

1. 工作特性和机械特性

保持 $U=U_N$ 和 $I_f=I_{fN}$ 不变，测取 $n,T_2,\eta=f(I_a)$ 以及 $n=f(T_2)$。

2. 调速特性

(1)改变电枢电压调速

保持 $U=U_N,I_f=I_{fN}=$常数，$T_2=$常数，测取 $n=f(U_a)$。

(2)改变励磁电流调速

保持 $U=U_N,T_2=$常数，测取 $n=f(I_f)$。

(3)观察能耗制动过程

3.3.4　实验方法

1. 实验设备(见表3-8)

表 3-8

序号	型　号	名　　称	数　量
1	DD03	导轨、测功机及转速表	1 台
2	DJ23	直流电动机	1 台
3	DJ15	直流并励电动机	1 台
4	D31	直流电压、毫安、电流表	2 件
5	D42	三相可调电阻器	1 件
6	D44	可调电阻器、电容器	1 件
7	D51	波形测试及开关板	1 件
8	D55-4	测功机控制箱	1 件

2. 屏上挂件排列顺序

D55-4，D31，D42，D51，D31，D44

3. 并励电动机的工作特性和机械特性

操作步骤：

(1)按图 3-5 接线，测功机 CG 与电动机 M 同轴连接，在此作为直流电动机 M 的负载，用于测量电动机的转速、转矩和输出功率。R_{f1} 选用 D44 的 1800Ω 阻值，R_1 用 D44 的 180Ω 阻值。

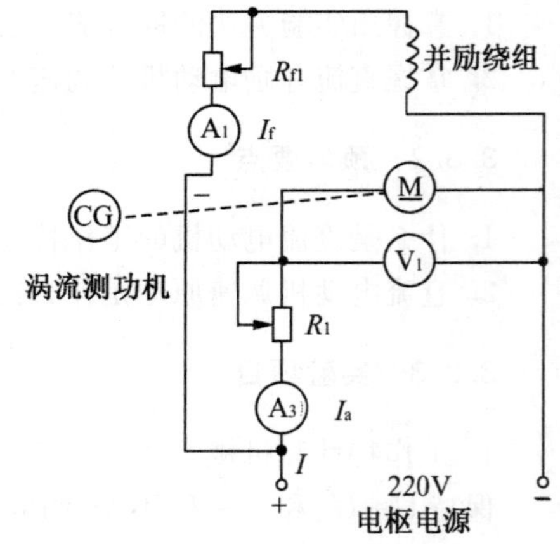

图 3-5　直流并励电动机接线图

(2)将直流并励电动机 M 的磁场调节电阻 R_{f1} 调至最小值，电枢串联起动电阻 R_1 调至最大值，接通控制屏下边右方的电枢电源开关，使其启动，其旋转方向应符合转速表正向旋转的要求。

(3)M 启动正常后，将其电枢串联电阻 R_1 调至零，调节电枢电源的电压为 220V，调节测功机的 D55-4 挂件下方，“给定调节”旋钮，先逆时针调至最小，再按调零“按钮”数秒，然后，顺时针调节“给定调节”旋钮，同时，观察电流表，使直流并励电动机的电枢电流逐渐上升至额定电流，使电动机达到额定值：$U=U_N$，$I=I_N$，$n=n_N$。此时 M 的励磁电流 I_f 即为额定励磁电流 I_{fN}。

(4)保持 $U=U_N$，$I_f=I_{fN}$ 不变，逐次减小电动机负载(减小“给定调节”旋钮)，测取电动机电枢输入电流 I_a，转速 n 和转矩 T_2 及输出功率 P_2，共取数据 9～10 组，记录于表 3-9 中。

表 3-9　　$U=U_N=220V$　$I_f=I_{fN}=$＿＿＿＿ mA

I_a(A)									
n(r/min)									
T_2(N·m)									
P_2(W)									

续表

P_1(W)										
η(%)										
Δn(%)										

注意事项：

①直流电动机M启动时，要注意须将R_1调到最大，R_{f1}调到最小，先接通励磁电源，观察到励磁电流I_{f1}为最大后，接通电枢电源，M启动运转。启动完毕，应将R_1调到最小。

②测功机CG与发电机M同轴连接，转速n和转矩T_2及输出功率P_2由D55-4显示。电动机启动时，“给定调节”旋钮先逆时针调至最小，保证电动机空载启动。

4. 调速特性

(1)改变电枢端电压的调速

①按图3-5直流电动机M运行后，将电阻R_1调至零，再调节测功机CG的“给定调节”旋钮和电枢电源。

②保持此时的T_2值和$I_f=I_{fN}$不变，逐次增加R_1的阻值，降低电枢两端的电压U_a，使R_1从零调至最大值，每次测取电动机的端电压U_a，转速n和电枢电流I_a。

③共取数据8～9组，记录于表3-10中。

表3-10 $I_f=I_{fN}=$________mA $T_2=$________N·m

U_a(V)									
n(r/min)									
I_a(A)									

(2)改变励磁电流的调速

①按图3-5，直流电动机运行后，将M的电枢串联电阻R_1和磁场调节电阻R_{f1}调至零，再调节M的电枢电源调压旋钮和MG的负载，使电动机M的$U=U_N$，$I=0.5I_N$记下此时的I_f值。

②保持此时T_2值和M的$U=U_N$不变，逐次增加磁场电阻阻值，直至$n=1.3n_N$，每次测取电动机的转速n、励磁电流I_f和电枢电流I_a。共取7～8组记录于表3-11中。

表3-11 $U=U_N=$________V $T_2=$________N·m

n(r/min)								
I_f(mA)								
I_a(A)								

(3)能耗制动

①实验设备(见表3-12)

表 3-12

序号	型 号	名 称	数 量
1	DD03	导轨、测功机及转速表	1 台
2	DJ23	直流电动机	1 台
3	DJ15	直流并励电动机	1 台
4	D31	直流电压、毫安、安培表	2 件
5	D41	三相可调电阻器	1 件
6	D42	三相可调电阻器	1 件
7	D44	可调电阻器、电容器	1 件
8	D51	波形测试及开关板	1 件
9	D55-4	测功机控制箱	1 件

②屏上挂件排列顺序

D55-4,D31,D42,D51,D41,D31,D44

③按图 3-6 接线,先把 S_1 合向 2 端,合上控制屏下方右边的电枢电源开关,把 M 的 R_{f1} 调至零,使电动机的励磁电流最大。

④把 M 的电枢串联启动电阻 R_1 调至最大,把 S_1 合至电枢电源,使电动机启动,能耗制动电阻 R_L 选用 D41 上 180Ω 阻值。

⑤运转正常后,从 S_1 任一端拔出一根导线插头,使电枢开路。由于电枢开路,电机处于自由停机,记录停机时间。

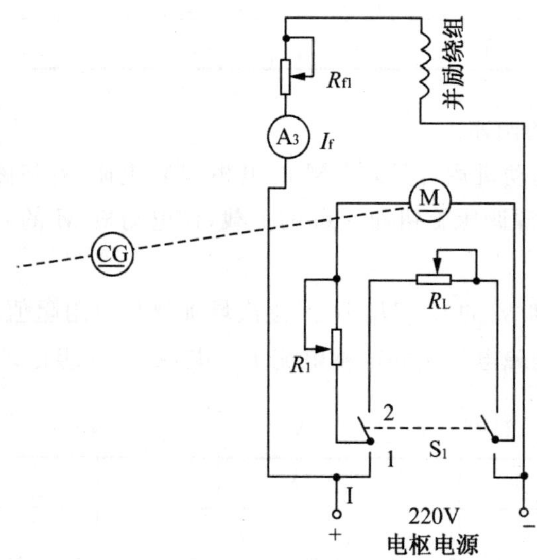

图 3-6 并励电动机能耗制动接线图

⑥重复启动电动机,待运转正常后,把 S_1 合向 R_L 端,记录停机时间。

⑦选择 R_L 不同的阻值,观察对停机时间的影响。

3.3.5 实验报告

1. 由表 3-9 计算出 P_2 和 η，并给出 $n, T_2, \eta=f(I_a)$ 及 $n=f(T_2)$ 的特性曲线。

电动机输出功率：$P_2=0.105nT_2$

式中输出转矩 T_2 的单位为 N・m，转速 n 的单位符号为 r/min。

电动机输入功率：　　$P_1=UI$

输入电流：　　$I=I_a+I_{fN}$

电动机效率：　　$\eta=\frac{P_2}{P_1}\times 100\%$

由工作特性求出转速变化率：$\Delta n\%=\frac{n_0-n_N}{n_N}\times 100\%$

2. 绘出并励电动机调速特性曲线 $n=f(U_a)$ 和 $n=f(I_f)$。分析在恒转矩负载时两种调速的电枢电流变化规律以及两种调速方法的优缺点。

3. 能耗制动时间与制动电阻 R_L 的阻值有什么关系？为什么？该制动方法有什么缺点？

3.3.6 思考题

1. 并励电动机的速率特性 $n=f(I_a)$ 为什么是略微下降？是否会出现上翘现象？为什么？上翘的速率特性对电动机运行有何影响？

2. 当电动机的负载转矩和励磁电流不变时，减小电枢端电压，为什么会引起电动机转速降低？

3. 当电动机的负载转矩和电枢端电压不变时，减小励磁电流会引起转速的升高，为什么？

4. 并励电动机在负载运行中，当磁场回路断线时是否一定会出现“飞车”？为什么？

3.4 直流串励电动机

3.4.1 实验目的

1. 用实验方法测取串励电动机工作特性和机械特性。

2. 了解串励电动机起动、调速及改变转向的方法。

3.4.2 预习要点

1. 串励电动机与并励电动机的工作特性有何差别。串励电动机的转速变化率是怎样定义的？

2. 串励电动机的调速方法及其注意问题。

3.4.3 实验项目

1. 工作特性和机械特性

在保持$U=U_N$的条件下，测取$n,T_2,\eta=f(I_a)$以及$n=f(T_2)$。

2. 人为机械特性

保持$U=U_N$和电枢回路串入电阻R_1=常数的条件下，测取$n=f(T_2)$。

3. 调速特性

(1)电枢回路串电阻调速保持$U=U_N$和T_2=常值的条件下，测取$n=f(U_a)$。

(2)磁场绕组并联电阻调速

保持$U=U_N$，T_2=常数及$R_1=0$的条件下，测取$n=f(I_f)$。

3.4.4 实验线路及操作步骤

1. 实验设备(见表3-13)

表3-13

序号	型 号	名 称	数 量
1	DD03	导轨、测功机及转速表	1台
2	DJ23	直流电动机	1台
3	DJ14	直流串励电动机	1台
4	D31	直流电压、毫安、安培表	2件
5	D41	三相可调电阻器	1件
6	D42	三相可调电阻器	1件
7	D51	波形测试及开关板	1件
8	D55-4	测功机控制箱	1件

2. 屏上挂件排列顺序

D55-4，D31，D42，D51，D31，D41

实验线路如图3-7所示，图中直流串励电动机选用DJ14，测功机CG作为电动机的负载，用于测量M的转矩，两者之间用联轴器直接联接。R_{f1}也选用D41的180Ω和90Ω串联共270Ω阻值，R_1用D41的180Ω阻值，电流表选用D31。

(1)工作特性和机械特性

①由于串励电动机不允许空载启动，因此测功机CG先加上一定的负载，使电动机在启动过程中带上负载。

②调节直流串励电动机M的电枢串联启动电阻R_1及磁场分路电阻R_{f1}到最大值，打开磁场分路开关S_1，合上控制屏上的电枢电源开关，启动M，并观察转向是否正确。

③M运转后，调节R_1至零，同时调节控制屏上的电枢电压调压旋钮，使M的电枢电压$U_1=U_N=220V$，同时调节测功机(给定调节旋钮)，使电动机电枢电流$I=1.2I_N$。

④保持$U_1=U_N$，逐次减小负载(即减小给定调节)，每次测取I,n,T_2，共取数据6～7组，记录于表3-14中。

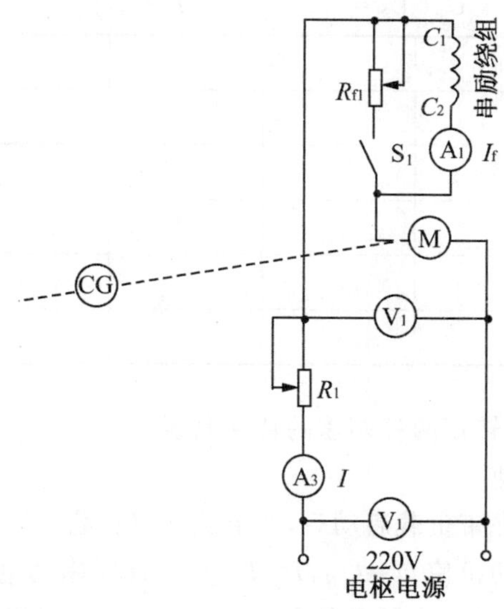

图 3-7 串励电动机实验接线图

⑤若要在实验中使串励电动机 M 停机，须将电枢串联启动电阻 R_1 调回到最大值，断开控制屏上电枢电源开关，使 M 失电而停止。

表 3-14 $U_1=U_N=$_______ V

实验数据	I(A)							
	n(r/min)							
	T_2(N. m)							
	P_2(W)							
计算数据	η(%)							

(2)测取电枢串电阻后的人为机械特性

①断开直流串励电动机 M 的磁场分路开关 S_1，调节电枢串联启动电阻 R_1 到最大值，启动 M(若在上一步骤 1，实验中未使 M 停机，可跳过这步接着做)。

②调节串入 M 电枢的电阻 R_1、电枢电源的调压旋钮和测功机“给定调节”，使 M 的电枢电源电压等于额定电压(即 $U=U_N$)、电枢电流 $I=I_N$、转速 $n=0.8n_N$。

③保持此时的 R_1 不变和 $U=U_N$，逐次减小电动机的负载，直至 $n\approx1.4n_N$ 为止。每次测取 U_1，I，n，共取数据 6～7 组，记录于表 3-15 中。

表 3-15 $U_1=U_N=$______V $R_1=$常值

实验数据	U_2(V)						
	I(A)						
	n(r/min)						
	T_2(N. m)						
	P_2(W)						
计算数据	η(%)						

(3)测出串励电动机恒转矩两种调速的特性曲线

1)电枢回路串电阻调速

①电动机电枢串电阻并带负载启动后，调节测功机负载。

②调节电枢电压和测功机使 $U=U_N$，$I\approx I_N$，记录此时串动电动机的 n，I 和 T_2 不变。

③在保持 $U=U_N$ 以及 T_2 不变的条件下，逐次增加 R_1 的阻值，每次测量 n，I，U_2。

④共取数据 6～8 组，记录于表 3-16 中。

表 3-16 $U=U_N=$______V $I_{f2}=$______mA

n(r/min)							
I(A)							
U_2(V)							

2)磁场绕组并联电阻调速

①接通电源前，打开开关 S_1，将 R_1 和 R_{f1} 调至最大值。

②电动机电枢串电阻并带负载启动后，调节 R_1 至零，合上开关 S_1。

③调节电枢电压和负载，使 $U=U_N$，$T_2=0.8T_N$。记录此时电动机的 n，T_2 和直流电动机电枢电流 I。

④在保持 $U=U_N$ 及 T_2 不变的条件下，逐次减小 R_{f1} 的阻值，注意 R_{f1} 不能短接，直至 $n<1.4n_N$ 为止。每次测取 n，I，T_2，共取数据 5～6 组，记录于表 3-17 中。

表 3-17 $U=U_N=$______V

n(r/min)						
I(A)						
I_f(A)						
T_2						

3.4.5 实验报告

1. 绘出直流串励电动机的工作特性曲线 n，T_2，$\eta=f(I_a)$。

2. 在同一张坐标纸上绘出串励电动机的自然和人为机械特性。

3. 绘出串励电动机恒转矩两种调速的特性曲线。试分析在 $U=U_N$ 和 T_2 不变条件下调速时电枢电流变化规律，比较两种调速方法的优缺点。

3.4.6　思考题

1. 串励电动机为什么不允许空载和轻载启动？

2. 磁场绕组并联电阻调速时，为什么不允许并联电阻调至零？

第4章 变压器实验

4.1 单相变压器

4.1.1 实验目的

1. 通过空载和短路实验测定变压器的变比和参数。
2. 通过负载实验测取变压器的运行特性。

4.1.2 预习要点

1. 变压器的空载和短路实验有什么特点？实验中电源电压一般加在哪一方较合适？
2. 在空载和短路实验中，各种仪表应怎样联接才能使测量误差最小？
3. 如何用实验方法测定变压器的铁耗及铜耗。

4.1.3 实验项目

1. 空载实验

测取空载特性 $U_o=f(I_0)$，$P_0=f(U_0)$，$\cos\varphi_0=f(U_0)$。

2. 短路实验

测取短路特性 $U_K=f(I_K)$，$P_K=f(I_K)$，$\cos\varphi_K=f(I_K)$。

3. 负载实验

(1)纯电阻负载

保持 $U_1=U_N$，$\cos\varphi_2=1$ 的条件下，测取 $U_2=f(I_2)$。

(2)阻感性负载

保持 $U_1=U_N$，$\cos\varphi_2=0.8$ 的条件下，测取 $U_2=f(I_2)$。

4.1.4 实验方法

1. 实验设备(见表 4-1)

表 4-1

序号	型 号	名 称	数 量
1	D33	交流电压表	1件
2	D32	交流电流表	1件
3	D34-3	单三相智能功率、功率因数表	1件
4	DJ11	三相组式变压器	1件
5	D42	三相可调电阻器	1件
6	D43	三相可调电抗器	1件
7	D51	波形测试及开关板	1件

2. 屏上排列顺序

D55-4,D33,D32,D34-3,DJ11,D42,D43

3. 空载实验

操作步骤:

(1)在三相调压交流电源断电的条件下,按图 4-1 接线。被测变压器选用三相组式变压器 DJ11 中的一只作为单相变压器,其额定容量 $P_N=77W$,$U_{1N}/U_{2N}=220/55V$,$I_{1N}/I_{2N}=0.35/1.4A$。变压器的低压线圈 a、x 接电源,高压线圈 A、X 开路。

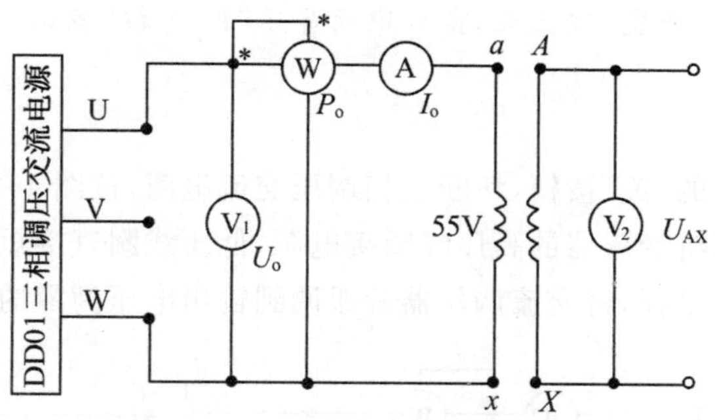

图 4-1 空载实验接线图

(2)选好所有电表量程。将控制屏左侧调压器旋钮向逆时针方向旋转到底,即将其调到输出电压为零的位置。

(3)合上交流电源总开关,按下"开"按钮,便接通了三相交流电源。调节三相调压器旋钮,使变压器空载电压 $U_0=1.2U_N$,然后逐次降低电源电压,在 $1.2\sim0.2U_N$ 的范围内,测取变压器的 U_0,I_0,P_0。

(4)测取数据时,$U=U_N$ 点必须测,并在该点附近测的点较密,共测取数据 7~8 组,记录于表 4-2 中。

(5)为了计算变压器的变比,在 U_N 以下测取原方电压的同时测出副方电压数据也记录于表 4-2 中。

表 4-2

序号	实验数据				计算数据
	U_0(V)	I_0(A)	P_0(W)	U_{AX}(V)	$\cos\Phi_0$

注意事项：

①变压器的低压线圈 a、x 接电源，高压线圈 A、X 开路。

②以电压为准，看着电压表缓慢增加电压。

③读取数据时，在额定电压点附近密集些，且额定电压点必测。

④交流电流表、电压表使用：打开开关先按“功能”键再按“确认”键，其他键勿动。

功率表使用：先按“功能”键三次，窗口中间显示“P”再按“确认”键，即可。

4. 短路实验

操作步骤：

(1)按下控制屏上的“关”按钮，切断三相调压交流电源，按图 4-2 接线(以后每次改接线路，都要关断电源)，将变压器的高压线圈接电源，低压线圈直接短路。

(2)选好所有电表量程，将交流调压器旋钮调到输出电压为零的位置。

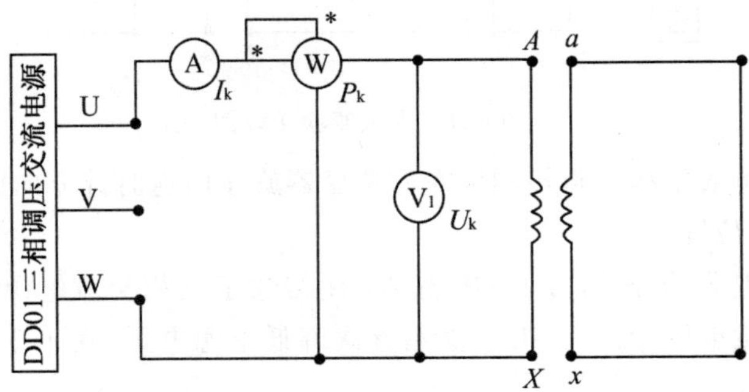

图 4-2　短路实验接线图

(3)接通交流电源，逐次缓慢增加输入电压，直到短路电流等于 $1.1I_{1N}$ 为止，在$(0.2\sim1.1)I_N$范围内测取变压器的 U_K，I_K，P_K。

(4)测取数据时，$I_K=I_N$点必须测，共测取数据 6～7 组记录于表 4-3 中。实验时记下周围环境温度(℃)。

表 4-3　　　　室温______℃

序号	实验数据			计算数据
	U_K(V)	I_K(A)	P_K(W)	$\cos\varphi_K$

注意事项:

①高压线圈 A、X 接电源,低压线圈 a、x 直接短路。

②以电流为准,看着电流表缓慢增加输入电压。

③读取数据时,在额定点附近密集些,且额定点 $I_K=I_N$ 点必测。

5. 负载实验

实验线路如图 4-3 所示。变压器低压线圈接电源,高压线圈经过开关 S_1 和 S_2,接到负载电阻 R_L 和电抗 X_L 上。R_L 选用 D42 中,900Ω 加上 900Ω 共 1800Ω 阻值,X_L 选用 D43,功率因数表选用 D34-3,开关 S_1 和 S_2 选用 D51 挂箱。

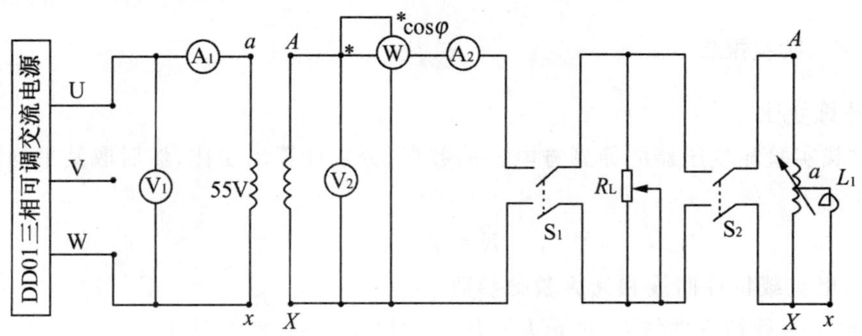

图 4-3　负载实验接线图

(1)纯电阻负载

①将调压器旋钮调到输出电压为零的位置,S_1,S_2 打开,负载电阻值调到最大。

②接通交流电源,逐渐升高电源电压,使变压器输入电压 $U_1=U_N$。

③保持 $U_1=U_N$,合上 S_1,逐渐增加负载电流,即减小负载电阻 R_L 的值,从空载到额定负载的范围内,测取变压器的输出电压 U_2 和电流 I_2。

④测取数据时,$I_2=0$ 和 $I_2=I_{2N}=0.35$A 必测,共取数据 6～7 组,记录于表 4-4 中。

表 4-4 $\cos\varphi_2=1 \quad U_1=U_N=$________ V

序号							
U_2(V)							
I_2(A)							

(2)阻感性负载($\cos\varphi_2=0.8$)

①用电抗器 X_L 和 R_L 并联作为变压器的负载,S_1,S_2 打开,电阻及电抗值调至最大。

②接通交流电源,升高电源电压至 $U_1=U_{1N}$。

③合上 S_1,S_2,在保持 $U_1=U_N$ 及 $\cos\varphi_2=0.8$ 条件下,逐渐增加负载电流,从空载到额定负载的范围内,测取变压器 U_2 和 I_2。

④测取数据时,其 $I_2=0$,$I_2=I_{2N}$ 两点必测,共测取数据 6~7 组记录于表 4-5 中。

表 4-5 $\cos\varphi_2=0.8 \quad U_1=U_N=$________ V

序号							
U_2(V)							
I_2(A)							

4.1.5 注意事项

1. 在变压器实验中,应注意电压表、电流表、功率表的合理布置及量程选择。
2. 短路实验操作要快,否则线圈发热引起电阻变化。

4.1.6 实验报告

1. 计算变比

由空载实验测变压器的原副方电压的数据,分别计算出变比,然后取其平均值作为变压器的变比 K。

$$K=U_{AX}/U_{ax}$$

2. 绘出空载特性曲线和计算激磁参数

(1)绘出空载特性曲线 $U_0=f(I_0)$,$P_0=f(U_0)$,$\cos\varphi_0=f(U_0)$

式中:
$$\cos\varphi_0=\frac{P_0}{U_0I_0}$$

(2)计算激磁参数

从空载特性曲线上查出对应于 $U_0=U_N$ 时的 I_0 和 P_0 值,并由下式算出激磁

$$r_m=\frac{P_0}{I_0^2}$$

$$Z_m=\frac{U_0}{I_0}$$

$$X_m=\sqrt{Z_m^2-r_m^2}$$

3. 绘出短路特性曲线和计算短路参数

(1)绘出短路特性曲线 $U_K=f(I_K)$,$P_K=f(I_K)$,$\cos\varphi_K=f(I_K)$。

(2)计算短路参数。

从短路特性曲线上查出对应于短路电流 $I_K=I_N$ 时的 U_K 和 P_K 值由下式算出实验环境温度为 q(℃)时的短路参数。

$$Z'_K=\frac{U_K}{I_K}$$

$$\gamma'_K=\frac{P_K}{I_K^2}$$

$$X'_K=\sqrt{Z'^2_K-r'^2_K}$$

折算到低压方

$$Z_K=\frac{Z'_K}{K^2}$$

$$r_K=\frac{r'_K}{K^2}$$

$$X_K=\frac{X'_K}{K^2}$$

由于短路电阻 r_K 随温度变化,因此,算出的短路电阻应按国家标准换算到基准工作温度75℃时的阻值。

$$r_{K75℃}=r_{Kq}\frac{235+75}{235+q}$$

$$Z_{K75℃}=\sqrt{r^2_{K75℃}+X^2_K}$$

式中:235为铜导线的常数,若用铝导线常数应改为228。

计算短路电压(阻抗电压)百分数

$$u_K=\frac{I_N Z_{K75℃}}{U_N}\times 100\%$$

$$u_{Kr}=\frac{I_N r_{K75℃}}{U_N}\times 100\%$$

$$u_{KX}=\frac{I_N X_K}{U_N}\times 100\%$$

$I_K=I_N$ 时,短路损耗 $P_{KN}=I_K^2 r_{K75℃}$

4. 画出"T"型等效电路

利用空载和短路实验测定的参数,画出被试变压器折算到低压方的"T"型等效电路。

5. 变压器的电压变化率 Δu

(1)绘出 $\cos\varphi_2=1$ 和 $\cos\varphi_2=0.8$ 两条外特性曲线 $U_2=f(I_2)$,由特性曲线计算出 $I_2=I_{2N}$ 时的电压变化率

$$\Delta u=\frac{U_{20}-U_2}{U_{20}}\times 100\%$$

(2)根据实验求出的参数,算出 $I_2=I_{2N}$,$\cos\varphi_2=1$ 和 $I_2=I_{2N}$,$\cos\varphi_2=0.8$ 时的电压变化率 Δu

$$\Delta u=(u_{Kr}\cos\varphi_2+u_{KX}\sin\varphi_2)\times 100\%$$

将两种计算结果进行比较，并分析不同性质的负载对变压器输出电压 U_2 的影响。

6. 绘出被试变压器的效率特性曲线

(1)用间接法算出 $\cos\varphi_2=0.8$ 不同负载电流时的变压器效率，记录于表 4-6 中。

$$\eta=\left(1-\frac{P_0+I_2^{*2}P_{KN}}{I_2^{*}P_N\cos\varphi_2+P_0+I_2^{*2}P_{KN}}\right)\times 100\%$$

式中：

$I_2^{*}P_N\cos\varphi_2=P_2$(W)

P_{KN} 为变压器 $I_K=I_N$ 时的短路损耗(W)；

P_0 为变压器 $U_0=U_N$ 时的空载损耗(W)；

$I_2^{*}=I_2/I_{2N}$ 为副边电流标么值。

表 4-6 $\cos\varphi_2=0.8$ $P_0=$_______ W $P_{KN}=$_______ W

I_2^{*}	P_2(W)	h
0.2		
0.4		
0.6		
0.8		
1.0		
1.2		

(2)由计算数据绘出变压器的效率曲线 $\eta=f(I_2^{*})$。

(3)计算被试变压器 $\eta=\eta_{max}$ 时的负载系数 β_m。

$$\beta_m=\sqrt{\frac{P_0}{P_{KN}}}$$

4.2 三相变压器

4.2.1 实验目的

1. 通过空载和短路实验，测定三相变压器的变比和参数。
2. 通过负载实验，测取三相变压器的运行特性。

4.2.2 预习要点

1. 如何用双瓦特计法测三相功率，空载和短路实验应如何合理布置仪表？
2. 三相心式变压器的三相空载电流是否对称，为什么？
3. 如何测定三相变压器的铁耗和铜耗？
4. 变压器空载和短路实验时应注意哪些问题？一般电源应加在哪一方比较合适？

4.2.3 实验项目

1. 测定变比

2. 空载实验

测取空载特性 $U_{0L}=f(I_{0L})$，$P_0=f(U_{0L})$，$\cos\varphi_0=f(U_{0L})$。

3. 短路实验

测取短路特性 $U_{KL}=f(I_{KL})$，$P_K=f(I_{KL})$，$\cos\varphi_k=f(I_{KL})$。

4. 纯电阻负载实验

保持 $U_1=U_N$，$\cos\varphi_2=1$ 的条件下，测取 $U_2=f(I_2)$。

4.2.4 实验方法

1. 实验设备(见表 4-7)

表 4-7

序号	型 号	名 称	数 量
1	D33	交流电压表	1 件
2	D32	交流电流表	1 件
3	D34-3	单三相智能功率、功率因数表	1 件
4	DJ12	三相心式变压器	1 件
5	D42	三相可调电阻器	1 件
6	D51	波形测试及开关板	1 件

2. 屏上排列顺序

D55-4，D33，D32，D34-3，DJ12，D42，D51

3. 测定变比

实验线路如图 4-4 所示，被测变压器选用 DJ12 三相三线圈心式变压器，额定容量 $P_N=152/152/152\text{W}$，$U_N=220/63.6/55\text{V}$，$I_N=0.4/1.38/1.6\text{A}$，Y，dy 接法。实验时只用高、低压两组线圈，低压线圈接电源，高压线圈开路。将三相交流电源调到输出电压为零的位置。开启控制屏上电源总开关，按下“开”按钮，电源接通后，调节外施电压 $U=0.5U_N=27.5\text{V}$ 测取高、低线圈的线电压 U_{AB}，U_{BC}，U_{CA}，U_{ab}，U_{bc}，U_{ca}，记录于表 4-8 中。

计算：变比 K：

$$K_{AB}=\frac{U_{AB}}{U_{ab}}\quad K_{BC}=\frac{U_{BC}}{U_{bc}}\quad K_{CA}=\frac{U_{CA}}{U_{ca}}$$

平均变比：

$$K=\frac{1}{3}(K_{AB}+K_{BC}+K_{CA})$$

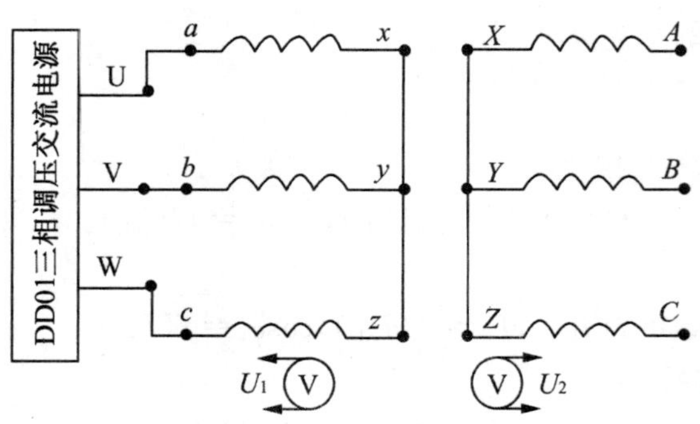

图 4-4　三相变压器变比实验接线图

表 4-8

高压绕组线电压(V)		低压绕组线电压(V)		变比(K)	
U_{AB}		U_{ab}		K_{AB}	
U_{BC}		U_{bc}		K_{BC}	
U_{CA}		U_{ca}		K_{cA}	

4. 空载实验

(1)将控制屏左侧三相交流电源的调压旋钮调到输出电压为零的位置，按下“关”按钮，在断电的条件下，按图 4-5 接线，变压器低压线圈接电源，高压线圈开路。

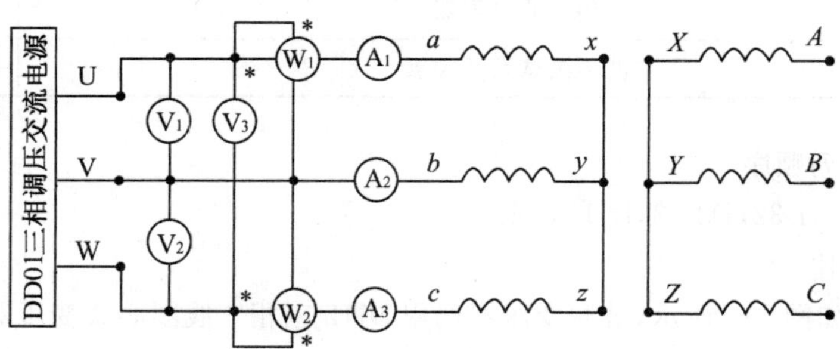

图 4-5　三相变压器空载实验接线图

(2)按下“开”按钮接通三相交流电源，调节电压，使变压器的空载电压 $U_{0L}=1.2U_N$。

(3)逐次降低电源电压，在(1.2～0.2)U_N范围内，测取变压器三相线电压、线电流和功率。

(4)测取数据时其中 $U_0=U_N$点必测，且在其附近多测几组。共取数据 8～9 组记录于表 4-9 中。

5. 短路实验

(1)将三相交流电源的输出电压调至零值。按下“关”按钮，在断电的条件下，按图 4-6 接线。变压器高压线圈接电源，低压线圈直接短路。

(2)按下“开”按钮，接通三相交流电源，缓慢增大电源电压，使变压器的短路电流：I_{KL}

$=1.1I_N$。

表 4-9

序号	实验数据								计算数据			
	$U_0 I_0$(V)			I_{0L}(A)			P_0(W)		U_{0L} (V)	I_{0L} (A)	P_0 (W)	$\cos\varphi_0$
	U_{ab}	U_{bc}	U_{ca}	I_{ao}	I_{b0}	I_{co}	P_{01}	P_{02}				

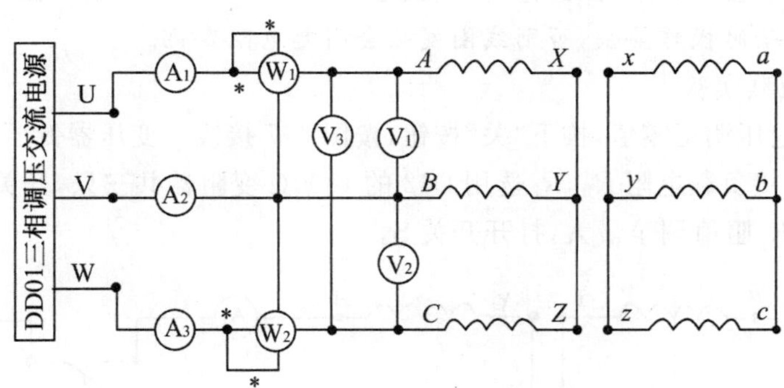

图 4-6　三相变压器短路实验接线图

(3)逐次降低电源电压，在 1.1～0.2I_N 的范围内，测取变压器的三相输入电压、电流及功率。

(4)测取数据时，其中 $I_{KL}=I_N$ 点必测，共取数据 5～6 组，记录于表 4-10 中，实验时记下周围环境温度(℃)，作为线圈的实际温度。

表 4-10　　　　　　　　　　　　　　　　　　　　　　　　　　　　室温________℃

序号	实验数据								计算数据			
	U_{KL}(V)			I_{KL}(A)			P_K(W)		U_{KL} (V)	I_{KL} (A)	P_K (W)	$\cos\varphi_K$
	U_{AB}	U_{BC}	U_{CA}	I_{AK}	I_{BK}	I_{CK}	P_{K1}	P_{K2}				

注意事项：

①在三相变压器实验中，应注意电压表、电流表和功率表的合理布置。

②做短路实验时操作要快，否则线圈发热会引起电阻变化。

6. 纯电阻负载实验

(1)将电源电压调至零值，按下"关"按钮，按图 4-7 接线。变压器低压线圈接电源，高压线圈经开关 S 接负载电阻 R_L，R_L选用 D42 的 1800Ω 变阻器共三只，开关 S 选用 D51 挂件，将负载电阻 R_L阻值调至最大，打开开关 S。

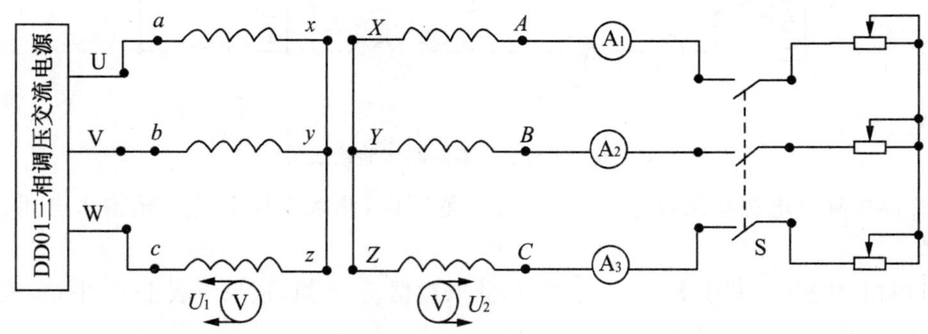

图 4-7　三相变压器负载实验接线图

(2)按下"开"按钮接通电源，调节交流电压，使变压器的输入电压 $U_1=U_N$。

(3)在保持 $U_1=U_{1N}$的条件下，合上开关 S，逐次增加负载电流，从空载到额定负载范围内，测取三相变压器输出线电压和相电流。

(4)测取数据时，其中 $I_2=0$ 和 $I_2=I_N$ 两点必测。共取数据 7～8 组记录于表 4-11 中。

表 4-11　　$U_1=U_{1N}=$______V　$\cos\varphi_2=1$

序号	U_2(V)				I_2(A)			
	U_{AB}	U_{BC}	U_{CA}	U_2	I_A	I_B	I_C	I_2

4.2.5　实验报告

1. 计算变压器的变比

根据实验数据，计算各线电压之比，然后取其平均值作为变压器的变比。

$$K_{AB}=\frac{U_{AB}}{U_{ab}},K_{BC}=\frac{U_{BC}}{U_{bc}},K_{CA}=\frac{U_{CA}}{U_{ca}}$$

2. 根据空载实验数据作空载特性曲线并计算激磁参数

(1)绘出空载特性曲线 $U_{0L}=f(I_{0L})$，$P_0=f(U_{0L})$，$\cos\varphi_0=f(U_{0L})$

$$U_{0L}=\frac{U_{ab}+U_{bc}+U_{ca}}{3}$$

$$I_{0L}=\frac{I_a+I_b+I_c}{3}$$

$$P_0=P_{01}+P_{02}$$

$$\cos\varphi_0=\frac{P_0}{\sqrt{3}U_{0L}I_{0L}}$$

(2)计算激磁参数

从空载特性曲线查出对应于 $U_{0L}=U_N$ 时的 I_{0L} 和 P_0 值，并由下式求取激磁参数。

$$r_m=\frac{P_0}{3I_{0\varphi}^2}$$

$$Z_m=\frac{U_{0\varphi}}{I_{0\varphi}}=\frac{U_{0L}}{\sqrt{3}I_{0L}}$$

$$X_m=\sqrt{Z_m^2-r_m^2}$$

式中 $U_{0\varphi}=\frac{U_{0L}}{\sqrt{3}}$，$I_{0\varphi}=I_{0L}$，$P_0$ 分别为变压器空载相电压、相电流、三相空载功率(注：Y接法，以后计算变压器和电机参数时都要换算成相电压、相电流)。

3. 绘出短路特性曲线和计算短路参数

(1)绘出短路特性曲线 $U_{KL}=f(I_{KL})$, $P_K=f(I_{KL})$, $\cos\varphi_K=f(I_{KL})$

式中：

$$U_{KL}=\frac{U_{AB}+U_{BC}+U_{CA}}{3}$$

$$I_{KL}=\frac{I_{AK}+I_{BK}+I_{CK}}{3}$$

$$P_K=P_{K1}+P_{K2}$$

$$\cos\varphi_K=\frac{P_K}{\sqrt{3}U_{KL}I_{KL}}$$

(2)计算短路参数

从短路特性曲线查出对应于 $I_{KL}=I_N$时的 U_{K1} 和 P_K值,并由下式算出实验环境温度 q℃时的短路参数

$$r_K'=\frac{P_K}{3I_{Kj}^2}$$

$$Z_K'=\frac{U_{Kj}}{I_{Kj}}=\frac{U_{KL}}{\sqrt{3}I_{KL}}$$

$$X_K=\sqrt{Z_K'^2-r_K'^2}$$

式中 $U_{Kj}=\frac{U_{KL}}{\sqrt{3}}$, $I_{Kj}=I_{KL}=I_N$, PK 短路时的相电压、相电流、三相短路功率。折算到低压方

$$Z_K=\frac{Z_K'}{K^2}$$

$$r_K=\frac{r_K'}{K^2}$$

$$X_K=\frac{X_K'}{K^2}$$

换算到基准工作温度下的短路参数 $r_{k75℃}$ 和 $Z_{k75℃}$(换算方法见 3-1 内容)计算短路电压百分数

$$u_K=\frac{I_{N\varphi}Z_{K75℃}}{U_{N\varphi}}\times 100\%$$

$$u_{Kr}=\frac{I_N r_{K75℃}}{U_{N\varphi}}\times 100\%$$

$$u_{KX}=\frac{I_N X_K}{U_{N\varphi}}\times 100\%$$

计算 $I_K=I_N$时的短路损耗 $P_{KN}=3I_{N\varphi}^2 r_{k75℃}$

4. 画等效电路

根据空载和短路实验测定的参数,画出被试变压器的"T"型等效电路。

5. 变压器的电压变化率

(1)据实验数据绘出 $\cos\varphi_2=1$ 时的特性曲线 $U_2=f(I_2)$,由特性曲线计算出 $I_2=I_{2N}$

时的电压变化率

$$\Delta u=\frac{U_{20}-U_2}{U_{20}}\times 100\%$$

(2)根据实验求出的参数,算出 $I_2=I_N$,$\cos\varphi_2=1$ 时的电压变化率

$$\Delta u=\beta(u_{Kr}\cos\varphi_2+u_{KX}\sin\varphi_2)\times 100\%$$

6. 绘出被试变压器的效率特性曲线

(1)用间接法算出在 $\cos\varphi_2=0.8$ 时,不同负载电流时变压器效率,记录于表4-12中。

表4-12 $\cos\varphi_2=0.8$ $P_0=$________ W $P_{KN}=$________ W

I_2^*	P_2(W)	h
0.2		
0.4		
0.6		
0.8		
1.0		
1.2		

$$\eta=\left(1-\frac{P_0+I_2^{*2}P_{KN}}{I_2^*P_N\cos\varphi_2+P_0+I_2^{*2}P_{KN}}\right)\times 100\%$$

式中:$I^2P_N\cos\varphi_2=P_2$;

P_N为变压器的额定容量;

P_{KN}为变压器 $I_{KL}=I_N$时的短路损耗;

P_0为变压器的 $U_{0L}=U_N$时的空载损耗。

(2)计算被测变压器 $\eta=\eta_{max}$时的负载系数 β_m

$$\beta_m=\sqrt{\frac{P_0}{P_{KN}}}$$

4.3 三相变压器的联接组和不对称短路

4.3.1 实验目的

1. 掌握用实验方法测定三相变压器的极性。
2. 掌握用实验方法判别变压器的联接组。
3. 研究三相变压器不对称短路。
4. 观察三相变压器不同绕组联接法和不同铁心结构对空载电流和电势波形的影响。

4.3.2 预习要点

1. 联接组的定义。为什么要研究联接组,国家规定的标准联接组有哪几种?

2. 如何把 Y,y0 联接组改成 Y,y6 联接组以及把 Y,d11 改为 Y,d5 联接组。

3. 在不对称短路情况下,哪种联接的三相变压器电压中点偏移较大?

4. 三相变压器绕组的连接法和磁路系统对空载电流和电势波形的影响。

4.3.3 实验项目

1. 测定极性

2. 连接并判定以下联接组

(1)Y,y0

(2)Y,y6

(3)Y,d11

(4)Y,d5

3. 不对称短路

(1)Y,yn0 单相短路

(2)Y,y0 两相短路

4. 测定 Y,yn 连接的变压器的零序阻抗。

5. 观察不同连接法和不同铁心结构对空载电流和电势波形的影响。

4.3.4 实验方法

1. 实验设备(见表 4-13)

表 4-13

序号	型　号	名　称	数　量
1	D33	交流电压表	1 件
2	D32	交流电流表	1 件
3	D34-3	单三相智能功率、功率因数表	1 件
4	DJ11	三相组式变压器	1 件
5	DJ12	三相心式变压器	1 件
6	D51	波形测试,开关板	1 件
7		单踪示波器(另配)	1 台

2. 屏上排列顺序

D55-4,D33,D32,D34-3,DJ12,DJ11,D51

3. 测定极性

(1)测定相间极性

被测变压器选用三相心式变压器 DJ12,用其中高压和低压两组绕组,额定容量 P_N = 152/152W,U_N = 220/55V,I_N = 0.4/1.6A,Y,y 接法,测得阻值大的为高压绕组,用 A,B,C,X,Y,Z 标记,低压绕组标记用 a,b,c,x,y,z。

①按图 4-8 接线。A,X 接电源的 U,V 两端子,Y,Z 短接。

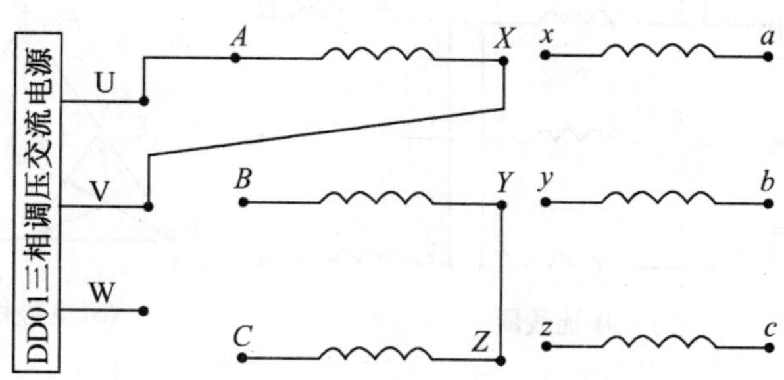

图 4-8　测定相间极性接线图

②接通交流电源,在绕组 A,X 间施加约 50%U_N的电压。

③用电压表测出电压 U_{BY},U_{CZ},U_{BC},若 $U_{BC}=|U_{BY}-U_{CZ}|$,则首末端标记正确;若 $U_{BC}=|U_{BY}+U_{CZ}|$,则标记不对,须将 B,C 两相任一相绕组的首末端标记对调。

④用同样方法,向 B,C 两相中的任一相施加电压,另外两相末端相联,定出每相首、末端正确的标记。

(2)测定原、副方极性

①暂时标出三相低压绕组的标记 a,b,c,x,y,z,然后按图 4-9 接线,原、副方中点用导线相连。

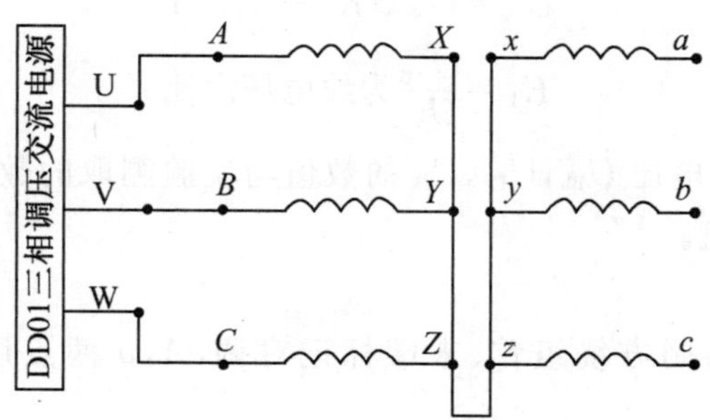

图 4-9　测定原、副方极性接线图

②高压三相绕组施加约 50%的额定电压,用电压表测量电压 U_{AX},U_{BY},U_{CZ},U_{ax},U_{by},U_{cz},U_{Aa},U_{Bb},U_{Cc},若 $U_{Aa}=U_{AX}-U_{ax}$,则 A 相高、低压绕组同相,并且首端 A 与 a 端点为同极性,若 $U_{Aa}=U_{AX}+U_{ax}$,则 A 与 a 端点为异极性。

③用同样的方法判别出 B,b,C,c 两相原、副方的极性。

④高低压三相绕组的极性确定后,根据要求连接出不同的联接组。

4. 检验联接组

(1)Y,y0 联接组

按图 4-10 接线。A,a 两端点用导线联接,在高压方施加三相对称的额定电压,测出 U_{AB},U_{ab},U_{Bb},U_{Cc}及 U_{Bc},将数据记录于表 4-14 中。

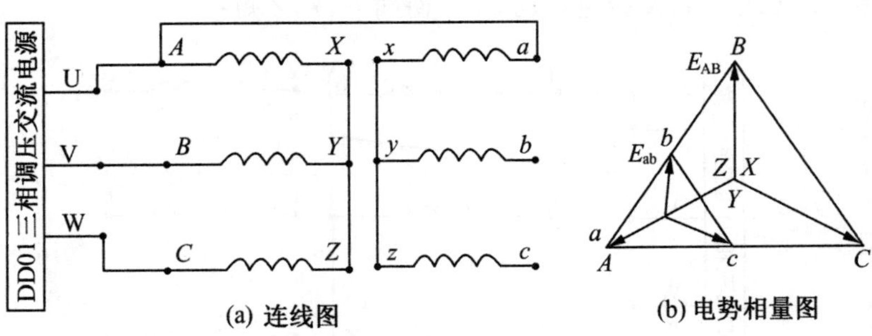

(a) 连线图　　(b) 电势相量图

图 4-10　Y,y0 联接组

表 4-14

实验数据					计算数据			
U_{AB}(V)	U_{ab}(V)	U_{Bb}(V)	U_{Cc}(V)	U_{Bc}(V)	$K_L=\frac{U_{AB}}{U_{ab}}$	U_{Bb}(V)	U_{Cc}(V)	U_{Bc}(V)

根据 Y,y0 联接组的电势相量图可知：

$$U_{Bb}=U_{Cc}=(K_L-1)U_{ab}$$

$$U_{Bc}=U_{ab}\sqrt{K_L^2-K_L+1}$$

$$K_L=\frac{U_{AB}}{U_{ab}}\text{为线电压之比}$$

若用两式计算出的电压 U_{Bb},U_{Cc},U_{Bc}的数值与实验测取的数值相同,则表示绕组连接正确,属 Y,y0 联接组。

(2)Y,y6 联接组

将 Y,y0 联接组的副方绕组首、末端标记对调,A,a 两点用导线相联,如图 4-11 所示。

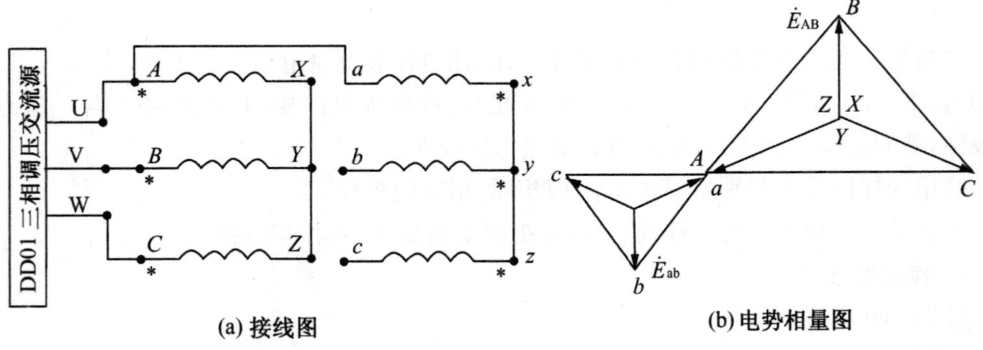

(a) 接线图　　(b) 电势相量图

图 4-11　Y,y6 联接组

按前面方法测出电压 U_{AB},U_{ab},U_{Bb},U_{Cc}及 U_{Bc},将数据记录于表 4-15 中。

表 4-15

实验数据					计算数据			
U_{AB}(V)	U_{ab}(V)	U_{Bb}(V)	U_{Cc}(V)	U_{BC}(V)	$K_L=\frac{U_{AB}}{U_{ab}}$	U_{Bb}(V)	U_{Cc}(V)	U_{Bc}(V)

根据 Y,y6 联接组的电势相量图可得

$$U_{Bb}=U_{Cc}=(K_L+1)U_{ab}$$

$$U_{Bc}=U_{ab}\sqrt{K_L^2+K_L+1}$$

若由上两式计算出电压 U_{Bb},U_{Cc},U_{Bc}的数值与实测相同,则绕组连接正确,属于 y,y6 联接组。

(3)Y,d11 联接组

按图 4-12 接线。A,a 两端点用导线相连,高压方施加对称额定电压,测取 U_{AB},U_{ab},U_{Bb},U_{Cc}及 U_{Bc},将数据记录于表 4-16 中。

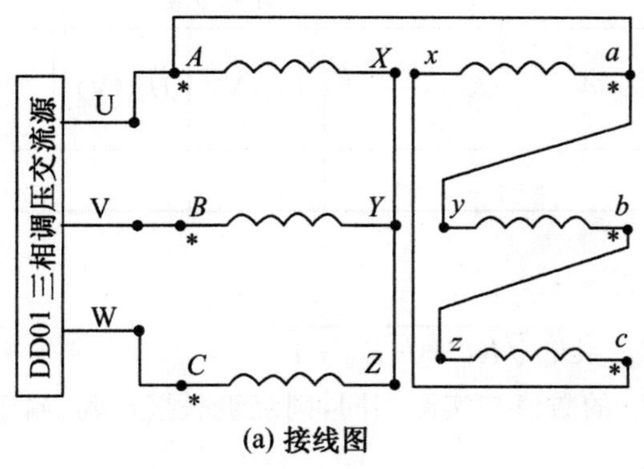

(a) 接线图

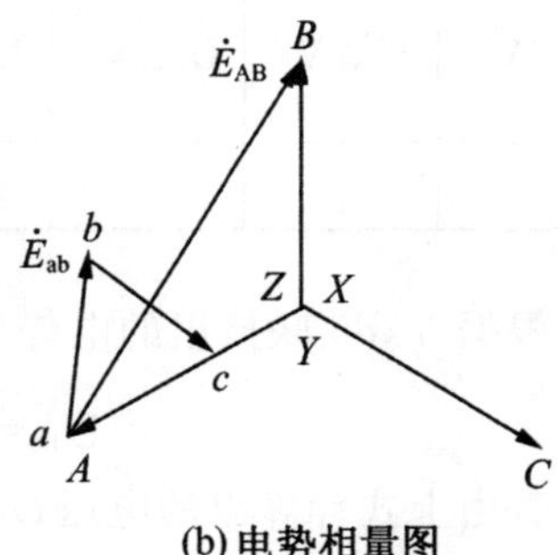

(b) 电势相量图

图 4-12　Y,d11 联接组

表 4-16

实验数据					计算数据			
U_{AB}(V)	U_{ab}(V)	U_{Bb}(V)	U_{Cc}(V)	U_{cb}(V)	$K_L=\frac{U_{AB}}{U_{ab}}$	U_{Bb}(V)	U_{Cc}(V)	U_{Bc}(V)

限据 y,d11 联接组的电势相量可得

$$U_{Bb}=U_{Cc}=U_{Bc}=U_{ab}\sqrt{K_L^2-\sqrt{3}K_L+1}$$

若由上式计算出的电压 U_{Bb},U_{Cc},U_{Bc}的数值与实测值相同,则绕组连接正确,属 y,d11 联接组。

(4)Y,d5 联接组

将 Y,d11 联接组的副方绕组首、末端的标记对调,如图 4-13 所示,实验方法同前,测取 U_{AB},U_{ab},U_{Bb},U_{Cc}和 U_{Bc},将数据记录于表 4-17 中。

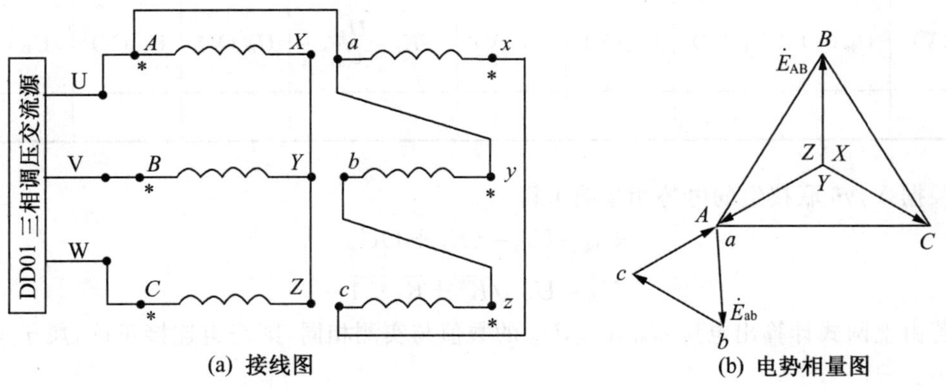

图 4-13 Y,d5 连接图

表 4-17

实验数据					计算数据			
U_{AB}(V)	U_{ab}(V)	U_{Bb}(V)	U_{Cc}(V)	U_{Bc}(V)	$K_L=\frac{U_{AB}}{U_{ab}}$	U_{Bb}(V)	U_{Cc}(V)	U_{Bc}(V)

根据 Y,d5 联接组的电势相量图可得

$$U_{Bb}=U_{Cc}=U_{Bc}=U_{ab}\sqrt{K_L^2+\sqrt{3}K_L+1}$$

若由上式计算出的电压 U_{Bb},U_{Cc},U_{Bc}的数值与实测相同,则绕组联接正确,属于 Y,d5 联接组。

5. 不对称短路

(1)Y,yn 连接单相短路

①三相心式变压器。按图 4-14 接线,被试变压器选用三相心式变压器。将交流电压调到输出电压为零的位置,接通电源,逐渐增加外施电压,直至副方短路电流 $I_{2K}\approx I_{2N}$为止,测取副方短路电流 I_{2K}弄口原方电流:I_A,I_B,I_C。将数据记录于表 4-18 中。

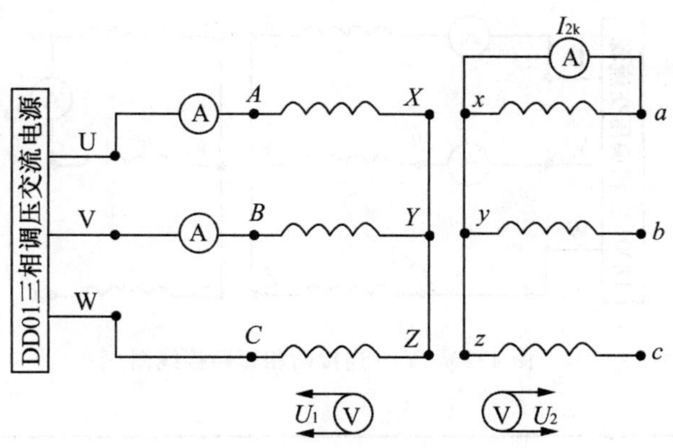

图 4-14 Y,yn 连接单相短路接线图

表 4-18

I_{2K}(A)	I_A(A)	I_B(A)	I_C(A)	U_a(V)	U_b(V)	U_c(V)
U_A(V)	U_B(V)	U_C(V)	U_{AB}(V)	U_{BC}(V)	U_{CA}(V)	

②三相组式变压器

被测变压器改为三相组式变压器，接通电源，逐渐施加外加电压直至 $U_{AB}=U_{BC}=U_{CA}=220$V，测取副方短路电流和原方电流 I_A，I_B，I_C。将数据记录于表 4-19 中。

表 4-19

I_{2K}(A)	I_A(A)	I_B(A)	I_C(A)	U_a(V)	U_b(V)	U_c(V)
U_A(V)	U_B(V)	U_C(V)	U_{AB}(V)	U_{BC}(V)	U_{CA}(V)	

(2)Y,y 联接两相短路

①三相心式变压器。按图 4-15 接线，将交流电源电压调至零位置，接通电源，逐渐增加外施电压，直至 $I_{2K}\approx I_{2N}$ 为止，测取变压器副方电流 I_{2K} 和原方电流 I_A，I_B，I_C 将数据记录于表 4-20 中。

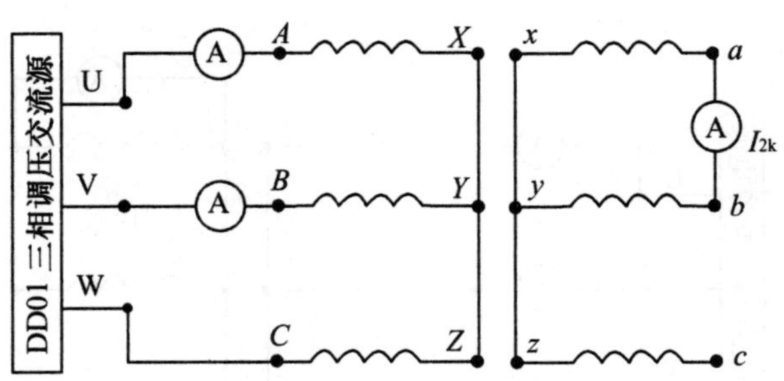

图 4-15　Y,y 连接两相短路接线图

表 4-20

I_{2K}(A)	I_A(A)	I_B(A)	I_C(A)	U_a(V)	U_b(V)	U_c(V)
U_A(V)	U_B(V)	U_C(V)	U_{AB}(V)	U_{BC}(V)	U_{CA}(V)	

②三相组式变压器。被测变压器改为三相组式变压器,重复上述实验,测取数据记录于表 4-21 中。

表 4-21

I_{2K}(A)	I_A(A)	I_B(A)	I_C(A)	U_a(V)	U_b(V)	U_c(V)
U_A(V)	U_B(V)	U_C(V)	U_{AB}(V)	U_{BC}(V)	U_{CA}(V)	

6. 测定变压器的零序阻抗

(1)三相心式变压器

按图 4-16 接线,三相心式变压器的高压绕组开路,三相低压绕组首末端串联后接到电源,将电压调至零,接通交流电源,逐渐增加外施电压,在输入电流 $I_0=0.25I_N$ 和 $I_0=0.5I_N$ 的两种情况下,测取变压器的 I_0,U_0 和 P_0,将数据记录于表 4-22 中。

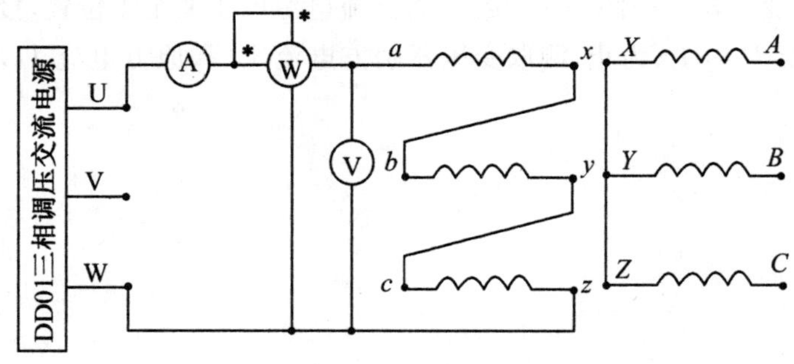

图 4-16　测零序阻抗接线图

表 4-22

I_{0L}(A)	U_{0L}(V)	P_{0L}(W)
$0.25I_N=$		
$0.5I_N=$		

(2)三相组式变压器

由于三相组式变压器的磁路彼此独立,因此可用三相组式变压器中任何一台单相变压器做空载实验,求取的激磁阻抗即为三相组式变压器的零序阻抗。若前面单相变压器空载实验已做过,该实验可略。

7. 分别观察三相心式和组式变压器不同连接方法时空载电流和电势的波形。

(1)三相组式变压器

①Y,y 连接

按图 4-17 接线,三相组式变压器作 Y,y 连接,把开关 S 打开(不接中线),接通电源后,调节输入电压使变压器在 $0.5U_N$ 和 U_N 两种情况下通过示波器观察空载电流 i_0,副方相电势 e_f 和线电势 e_1 的波形(注:Y 接法 $U_N=380$V),在变压器输入电压为额定值时,用电压表测取原方线电压 U_{AB} 和相电压 U_{AX},将数据记录于表 4-23 中。

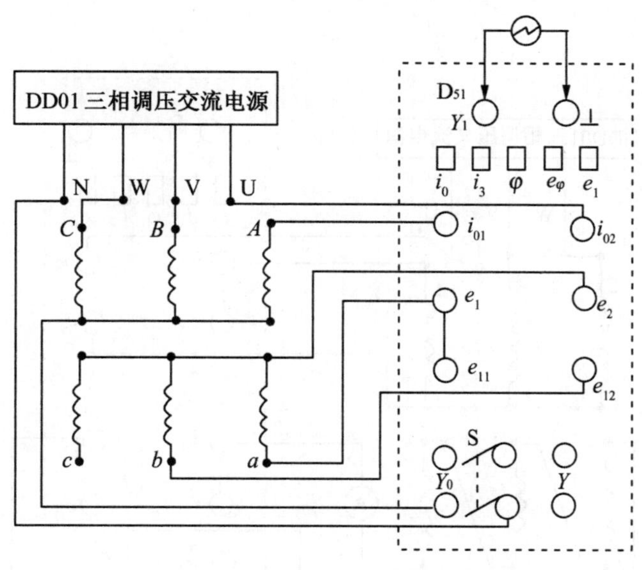

图 4-17 观察 Y,y 和 YN,y 连接三相变压器空载电流和电势波形的连接图

表 4-23

实验数据		计算数据
U_{AB}(V)	U_{AX}(V)	U_{AB}/U_{AX}

②YN,y 连接

接线与 Y,y 连接相同,合上开关 S,即为 YN,y 接法。重复前面实验步骤,观察 i_0,e_f,e_1 波形,并在 $U_1=U_N$时测取 U_{AB}和 U_{AX},将数据记录于表 4-24 中。

表 4-24

实验数据		计算数据
U_{AB}(V)	U_{AX}(V)	U_{AB}/U_{AX}

③Y,d 连接。按图 4-18 接线,开关 S 合向左边,使副方绕组不构成封闭三角形,接通电源,调节变压器输入电压至额定值,通过示波器观察原方空载电流 i_0。相电压 U_f,副方开路电势 U_{az}的波形,并用电压表测取原方线电压 U_{AB}、相电压 U_{AX}以及副方开路电压 U_{az},将数据记录于表 4-25 中。

合上开关 S,使副方为三角形接法,重复前面实验步骤,观察 i_0,U_f以及副方三角形回路中谐波电流的波形,并在 $U_1=U_{1N}$时,测取 U_{AB},U_{AX}以及副方三角形回路中谐波电流,将数据记录于表 4-26 中。

(2)选用三相心式变压器,重复前面(1)(2)(3)波形实验,将不同铁心结构所得的结果作分析比较。

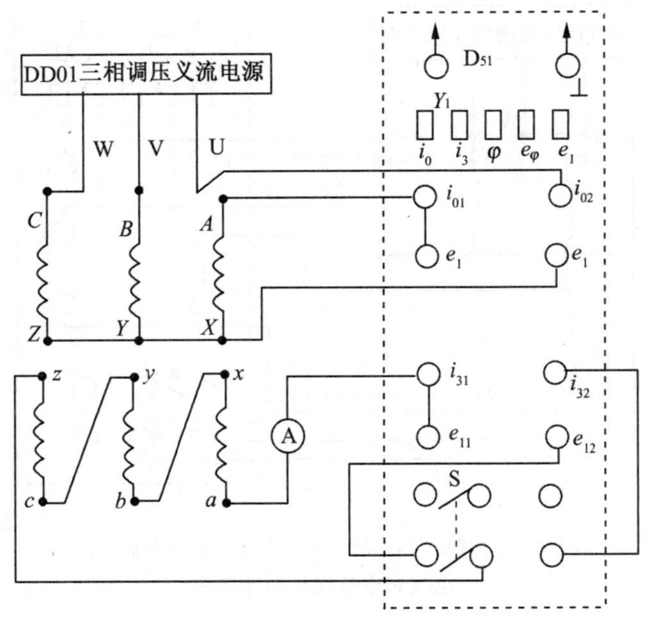

图 4-18 观察 Y,d 连接三相变压器空载电流三次谐波电流和电势波形接线图

表 4-25

实验数据			计算数据
U_{AB}(V)	U_{AX}(V)	U_{az}(V)	U_{AB}/U_{AX}

表 4-26

实验数据			计算数据
U_{AB}(V)	U_{AX}(V)	I 谐波(A)	U_{AB}/U_{AX}

4.3.5　实验报告

1. 计算出不同联接组的 U_{Bb},U_{Cc},U_{Bc} 的数值与实测值进行比较,判别绕组连接是否正确。

2. 计算零序阻抗

Y,yn 三相心式变压器的零序参数山下式求得:

$$Z_0=\frac{U_{0\varphi}}{I_{0\varphi}}=\frac{U_{0L}}{\sqrt{3}I_{0L}}$$

$$r_0=\frac{P_0}{3I_{0\varphi}^2}$$

$$X_0=\sqrt{Z_0^2-r_0^2}$$

式中:$U_{0\varphi}=\frac{U_{0L}}{\sqrt{3}}$,$I_{0\varphi}=I_{0L}$,$P_0$ 分别为变压器空载相电压、相电流、三相空载功率。

分别计算 $I_0=0.25I_N$ 和 $I_0=0.5I_N$ 时的 Z_0,r_0,X_0,取其平均值作为变压器的零序阻抗,电阻和电抗,并按下式算出标么值:

$$Z_0^*=\frac{I_{N\varphi}Z_0}{U_{N\varphi}}$$

$$r_0^*=\frac{I_{N\varphi}r_0}{U_{N\varphi}}$$

$$X_0^*=\frac{I_{N\varphi}X_0}{U_{N\varphi}}$$

式中 $I_{N\varphi}$ 和 $U_{N\varphi}$ 为变压器低压绕组的额定相电流和额定相电压。

3. 计算短路情况下的原方电流

(1)Y,yn 单相短路

副方电流 $\dot{I}_a=\dot{I}_{2K}$,$\dot{I}_b=\dot{I}_c=0$

原方电流设略去激磁电流不计,则:

$$\dot{I}_A=-\frac{2\dot{I}_{2K}}{3K}$$

$$\dot{I}_B=\dot{I}_C=\frac{\dot{I}_{2K}}{3K}$$

式中 K 为变压器的变比。将 $\dot{I}_A,\dot{I}_B,\dot{I}_C$ 计算值与实测值进行比较，分析产生误差的原因，并讨论 Y，yn 三相组式变压器带单相负载的能力以及中点移动的原因。

(2)Y，y 两相短路

副方电流 $\dot{I}_a=-\dot{I}_b=\dot{I}_{2K},\dot{I}_C=0$

原方电流 $\dot{I}_A=-\dot{I}_B=-\frac{\dot{I}_{2K}}{K},\dot{I}_C=0$

把实测值与用公式计算出的数值进行比较，并作简要分析。

4. 分析不同连接法和不同铁心结构对三相变压器空载电流和电势波形的影响。

5. 由实验数据算出 Y，y 和 Y，d 接法时的的原方 U_{AB}/U_{AX} 比值，分析产生差别的原因。

6. 根据实验观察，说明三相组式变压器不宜采用 Y，yn 和 Y，y 连接方法的原因。

4.3.6 附 录

变压器联接组校核公式(见表 4-27)

(设 $U_{ab}=1,U_{AB}=K_L,U_{ab}=U_L$)

表 4-27

组别	$U_{Bb}=U_{Cc}$	U_{Bc}	U_{Bc}/U_{Bb}
1	$\sqrt{K_L^2-\sqrt{3}K_L+1}$	$\sqrt{K_L^2+1}$	>1
2	$\sqrt{K_L^2-K_L+1}$	$\sqrt{K_L^2+K_L+1}$	>1
3	$\sqrt{K_L^2+1}$	$\sqrt{K_L^2+\sqrt{3}K_L+1}$	>1
4	$\sqrt{K_L^2+K_L+1}$	K_L+1	>1
5	$\sqrt{K_L^2+\sqrt{3}K_L+1}$	$\sqrt{K_L^2+\sqrt{3}K_L+1}$	$=1$
6	K_L+1	$\sqrt{K_L^2+K_L+1}$	<1
7	$\sqrt{K_L^2+\sqrt{3}K_L+1}$	$\sqrt{K_L^2+1}$	<1
8	$\sqrt{K_L^2+K_L+1}$	$\sqrt{K_L^2-K_L+1}$	<1

续表

9	$\sqrt{K_L^2+1}$	$\sqrt{K_L^2-\sqrt{3}K_L+1}$	<1
10	$\sqrt{K_L^2-K_L+1}$	K_L-1	<1
11	$\sqrt{K_L^2-\sqrt{3}K_L+1}$	$\sqrt{K_L^2-\sqrt{3}K_L+1}$	=1
12	K_L-1	$\sqrt{K_L^2-K_L+1}$	>1

4.4　单相变压器的并联运行

4.4.1　实验目的

1. 学习变压器投入并联运行的方法。
2. 研究并联运行时阻抗电压对负载分配的影响。

4.4.2　预习要点

1. 单相变压器并联运行的条件。
2. 如何验证两台变压器具有相同的极性,若极性不同,并联会产生什么后果?
3. 阻抗电压对负载分配的影响。

4.4.3　实验项目

1. 将两台单相变压器投入并联运行。
2. 阻抗电压相等的两台单相变压器并联运行,研究其负载分配情况。
3. 阻抗电压不相等的两台单相变压器并联运行,研究其负载分配情况。

4.4.4　实验线路和操作步骤

1. 实验设备(见表4-28)

表4-28

序号	型　号	名　　称	数　量
1	D33	交流电压表	1件
2	D32	交流电流表	1件
3	DJ11	三相组式变压器	1件
4	D41	三相可调电阻器	1件
5	D51	波形测试及开关板	1件

2. 屏上排列顺序

D33,D32,DJ11,D41,D51

实验线路如图 4-19 所示,图中单相变压器 1,2 选用三相组式变压器 DJ11 中任意两台,变压器的高压绕组并联接电源,低压绕组经开关 S_1 并联后,再由开关 S_3 接负载电阻 R_L。由于负载电流较大,R_L可采用并串联接法(选用 D41 的 90Ω 与 90Ω 并联再与 180Ω 串联,共 225Ω 阻值)的变阻器,为了人为地改变变压器 2 的阻抗电压,在其副方串入电阻 R(选用 D41 的 90Ω 与 90Ω 并联的变阻器)。

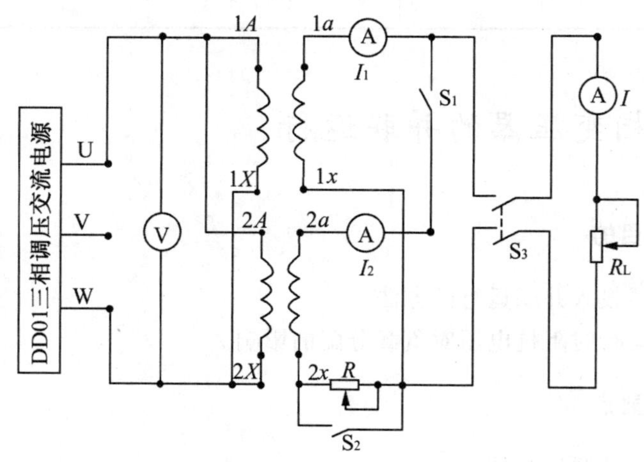

图 4-19 单相变压器并联运行接线图

3. 两台单相变压器空载投入并联运行步骤

(1)检查变压器的变比和极性

①将开关 S_1,S_3 打开,合上开关 S_2。

②接通电源,调节变压器输入电压至额定值,测出两台变压器副方电压 U_{1a1x} 和 U_{2a2x},若 $U_{1a1x}=U_{2a2x}$,则两台变压器的变比相等,即 $K_1=K_2$。

③测出两台变压器副方的 $1a$ 与 $2a$ 端点之间的电压 U_{1a2a},若 $U_{1a2a}=U_{1a1x}-U_{2a2x}$,则首端 $1a$ 与 $2a$ 为同极性端,反之为异极性端。

(2)投入并联

检查两台变压器的变比相等和极性相同后,合上开关 S_1,即投入并联。若 K_1 与 K_2 不是严格相等,将会产生环流。

4. 阻抗电压相等的两台单相变压器并联运行

(1)投入并联后,合上负载开关 S_3。

(2)在保持原方额定电压不变的情况下,逐次增加负载电流,直至其中一台变压器的输出电流达到额定电流为止。

(3)测取 I,I_1,I_2,共取数据 4～5 组记录于表 4-29 中。

表 4-29

I_1(A)	I_2(A)	I(A)

5. 阻抗电压不相等的两台单相变压器并联运行

打开短路开关 S_2，变压器 2 的副方串入电阻 R，R 数值可根据需要调节（一般取 5～10Ω 之间），重复前面实验测出 I，I_1，I_2，共取数据 5～6 组记录于表 4-30 中。

表 4-30

I_1(A)	I_2(A)	I(A)

4.4.5　实验报告

1. 根据实验(2)的数据，画出负载分配曲线 $I_1 = f(I)$ 及 $I_2 = f(I)$。
2. 根据实验(3)的数据，画出负载分配曲线 $I_1 = f(I)$ 及 $I_2 = f(I)$。
3. 分析实验中阻抗电压对负载分配的影响。

4.5　三相变压器的并联运行

4.5.1　实验目的

学习三相变压器投入并联运行的方法及阻抗电压对负载分配的影响。

4.5.2　预习要点

1. 三相变压器并联运行的条件，不同联接组并联后会出现什么后果？
2. 阻抗电压对负载分配的影响。

4.5.3　实验项目

1. 将两台三相变压器空载投入并联运行。

2. 阻抗电压相等的两台三相变压器并联运行。

3. 阻抗电压不相等的两台三相变压器并联运行。

4.5.4 实验线路及操作步骤

1. 实验设备(见表 4-31)

表 4-31

序号	型　号	名　　称	数　量
1	D33	交流电压表	1 件
2	D32	交流电流表	1 件
3	DJ12	三相心式变压器	1 件
4	D41	三相可调电阻器	1 件
5	D43	三相可调电抗器	1 件
6	D51	波形测试及开关板	1 件

2. 屏上排列顺序

D33,D32,DJ12,D51,D43,D41

实验线路如图 4-20 所示,图中变压器 1 和 2 选用两台三相心式变压器,其中低压绕组不用。由 4-3 方法确定三相变压器原、副方极性后,根据变压器的铭牌接成 Y,y 接法,将两台变压器的高压绕组并联接电源,中压绕组经开关 S_1 并联后,再由开关 S_2 接负载电阻 R_L,R_L 选用 D41 上 180Ω 阻值,为了人为地改变变压器 2 的阻抗电压,在变压器 2 的副方串入电抗 X_L(或电阻 R),X_L 选用 D43。要注意选用 R_L 和 X_L(或 R)的允许电流应大干实验时实际流过的电流。

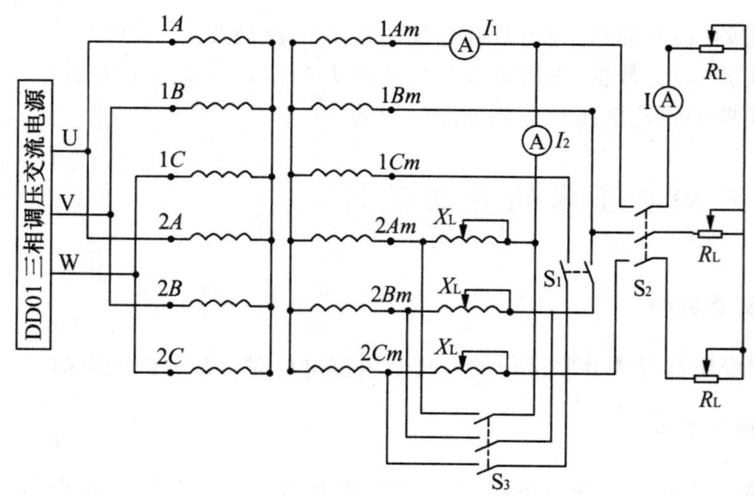

图 4-20　三相变压器并联运行接线图

3. 两台三相变压器空载投入并联运行的步骤

(1)检查变比和连接组

①打开 S_1、S_2，合上 S_3。

②接通电源，调节变压器输入电压至额定电压。

③测出变压器副方电压，若电压相等，则变比相同，测出副方对应相的两端点间的电压若电压均为零，则联接组相同。

(2)投入并联运行

在满足变比相等和联接组相同的条件后，合上开关 S_1，即投入并联运行。

4. 阻抗电压相等的两台三相变压器并联运行

(1)投入并联后，合上负载开关 S_2。

(2)在保持 $U_1=U_{1N}$ 不变的条件下，逐次增加负载电流，直至其中一台输出电流达到额定值为止。

(3)测取，I，I_1，I_2 共取数据 6～7 组记录于表 4-32 中。

表 4-32

I_1(A)	I_2(A)	I(A)

5. 阻抗电压不相等的两台三相变压器并联运行

(1)打开短路开关 S_3，在变压器 I_2 的副方串入电抗 X_L(或电阻 R)，X_L 的数值可根据需要调节。

(2)重复前面实验，测取 I，I_1，I_2。

(3)共取数据 6～7 组记录于表 4-33 中。

表 4-33

I_1(A)	I_2(A)	I(A)

4.5.5 实验报告

1. 根据实验 4 的数据，画出负载分配曲线 $I_1=f(I)$及 $I_2=f(I)$。
2. 根据实验 5 的数据，画出负载分配曲线及 $I_1=f(I)$及 $I_2=f(I)$。
3. 分析实验中阻抗电压对负载分配的影响。

第5章　异步电机实验

5.1　三相鼠笼异步电动机的参数测定及工作特性

5.1.1　实验目的

1. 掌握三相异步电动机的空载、堵转和负载试验的方法。
2. 用直接负载法测取三相鼠笼式异步电动机的工作特性。
3. 测定三相鼠笼式异步电动机的参数。

5.1.2　预习要点

1. 异步电动机的工作特性有哪些？
2. 异步电动机的等效电路有哪些参数？它们的物理意义是什么？
3. 工作特性和参数的测定方法。

5.1.3　实验项目

注意事项：

三个基本实验必做，综合性实验、设计开发性实验自愿选作。

①空载实验。

②短路实验。

③负载实验。

5.1.4　实验方法

1. 实验设备(见表5-1)

表 5-1

序号	型号	名称	数量
1	D55-4	涡流测功机控制箱(转速、转矩、功率显示)	1 件
2	DJ16	三相鼠笼异步电动机	1 件
3	D33	交流电压表	1 件
4	D32	交流电流表	1 件
5	D34-3	单三相智能功率表	1 件
6	D42	三相可调电阻器	1 件
7	D51	波形测试及开关板	1 件
8	DD03	导轨、涡流测功机	1 件

2. 屏上挂件排列顺序

D55-4，D33，D32，D34-3，D42，D51

3. 空载实验

三相鼠笼异步电动机 DJ16(Δ 接法)铭牌数据为:极数 2P=4。

$P_N=100W$，$U_N=220V$，$I_N=0.5A$，$n_N=1400/min$。

操作步骤:

(1) 按图 5-1 接线，电动机绕组为 Δ 接法($U_N=220V$)，直接与测功机(CG)同轴联接。

(2) 首先把交流调压器(逆时针)调至电压最小位置，然后接通电源，逐渐升高电压，使电机启动旋转，观察电机旋转方向，并使电机旋转方向符合要求。

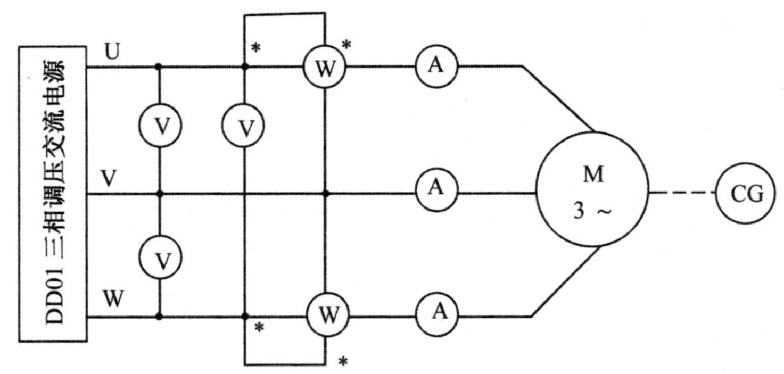

图 5-1 三相鼠笼异步电动机试验接线图

(3) 保持电动机在额定电压下空载运行数分钟，使机械损耗达到稳定后再进行试验。

(4) 调节电压由 1.2 倍额定电压开始记录数据，然后逐渐降低电压，直至电流或功率显著增大为止。在这范围内读取空载电压、空载电流、空载功率。

(5) 共测取数据 7～8 组数据记录于表 5-2 中。

表 5-2

序号	U_0(V)				I_0(A)				P_0(W)			计算 $\cos\varphi_0$
	U_{AB}	U_{BC}	U_{CA}		I_A	I_B	I_C		P_{I}	P_{II}	P_0	

注意事项：

①空载实验时以电压为准，合理分配数据采集点，在额定电压附近数据应当密集一些，且额定点必读。

②空载实验时测功机控制箱(D55-4)挂件下方，“给定调节”旋钮，一定要先逆时针调至最小位置，确实保证电动机空载。

4. 短路实验

操作步骤：

(1) 测量接线图如图 5-1 所示，用制动工具把三相电机堵住，将制动棒插入测功机上方小孔。

(2) 调压器退至零，合上交流电源，一定要看着电流表，调节调压器使之逐渐升压至短路电流到 1.2 倍额定电流开始记录数据，再逐渐降压至 0.3 倍额定电流为止。

(3) 在上述电流范围内读取短路电压、短路电流、短路功率。

(4)共读取数据 5～6 组记录于表 5-3 中。

表 5-3

序号	U_{KL}(V)				I_{KL}(A)				P_K(W)			计算 $\cos\varphi_K$
	U_{AB}	U_{BC}	U_{CA}	U 平均值	I_A	I_B	I_C	I 平均值	P_{I}	P_{II}	P 代数和	

注意事项：

①短路实验以电流为准，看着电流表调节电压，在额定电流附近多测几点，且额定点必测。

②短路试验是破坏性实验，时间要短，电压、电流、功率同时读取，各同学合理分工。

5. 负载实验

操作步骤：

(1) 测量接线图如图 5-4 所示，同轴联接涡流测功机 CG。

(2) 合交流电源之前，首先将调压器逆时针调至零位，合上交流电源后，调节调压器使之逐渐升压至额定电压 220V 并保持不变。

(3) 调节 D55-4 挂件下方，“给定调节”旋钮，先逆时针调至最小，再按“调零”按钮数秒，然后，顺时针调节“给定调节”旋钮，同时，观察电流表使异步电动机的定子电流逐渐上升，直至电流上升到 1.2 倍额定电流开始记录数据。

(4) 从这负载点开始，逐渐减小负载直至空载，在这范围内读取异步电动机的三相定子电流、三相输入功率 P_1、转速 n、转矩 T_2、输出功率 P_2 数据共取数据 8～9 组记录于表 5-4 中。

表 5-4 $U_N=220V(\Delta)$

序号	I (A)				P_1(W)			P_2(W)	T_2(N·m)	n(r/min)
	I_A	I_B	I_C	I 平均值	P_{I}	P_{II}	P 代数和			

注意事项：

①在负载实验过程中异步电动机 220V 额定电压始终保持不变。

②实验时以电流为准，合理分配数据采集点，在额定电流附近相对密集一些，额定点必读。

③涡流测功机控制箱 D55-4(转速、转矩、功率显示)挂件上的其他(拨段或按钮)开关与本实验无关，勿动。

5.1.5 实验报告

1. 计算基准工作温度时的相电阻

直接测得每相电阻值，此值为实际冷态电阻值，冷态温度为室温。按下式换算到基准工作温度时的定子绕组相电阻：

$$r_{1ref}=r_{1C}\frac{235+\theta_{ref}}{235+\theta_C}$$

式中：r_{1ref}——换算到基准工作温度时定子绕组的相电阻(Ω)；

r_{1C}——定子绕组的实际冷态相电阻(Ω)；

θ_{ref}——基准工作温度，对于 E 级绝缘为 75℃；

θ_C——实际冷态时定子绕组的温度(℃)；

2. 作空载特性曲线

$$I_{0L},P_0,\cos\varphi_0=f(U_{0L})$$

3. 作短路特性曲线

$$I_{KL},P_K=f(U_{KL})$$

4. 作等效电路

由空载、短路实验数据求异步电机的等效电路参数。

(1) 由短路实验数据求短路参数

短路阻抗：$Z_K=\frac{U_{K\varphi}}{I_{K\varphi}}=\frac{\sqrt{3}U_{KL}}{I_{KL}}$

短路电阻：$r_K=\frac{p_K}{3I_{K\varphi}^2}=\frac{P_K}{I_{KL}^2}$

短路电抗：$X_K=\sqrt{Z_K^2-r_K^2}$

式中：$U_{K\varphi}=U_{KL}$，$I_{K\varphi}=\frac{I_{KL}}{\sqrt{3}}$，$P_K$分别为电动机堵转时的相电压、相电流、三相短路功率(Δ接法)。

转子电阻的折合值：

$$r'\approx=r_K-r_{1C}$$

式中 r_{1C}是没有折合到 75℃时实际值。

定、转子漏抗：

$$X_{1\sigma}\approx X'_{2\sigma}\approx\frac{X_K}{2}$$

(2)由空载试验数据求激磁回路参数

空载阻抗：$Z_0=\frac{U_{0\varphi}}{I_{0\varphi}}=\frac{\sqrt{3}U_{0L}}{I_{0L}}$

空载电阻：$r_0=\frac{P_0}{3I_{0\varphi}^2}=\frac{P_0}{I_{0L}^2}$

空载电抗：$X_0=\sqrt{Z_0^2-r_0^2}$

式中：$U_{0\varphi}=U_{0L}$，$I_{0\varphi}=I_{0L}/\sqrt{3}$，$P_0$ 分别为电动机空载时的相电压、相电流、三相空载功率(Δ接法)

激磁电抗：$X_m=X_0-X_{1\varphi}$

激磁电阻：$r_m=\frac{P_{Fe}}{3I_{0\varphi}^2}=\frac{P_{Fe}}{I_{0L}^2}$

式中 P_{Fe}为激磁电抗为额定电压时的铁耗，由图 5-2 确定。

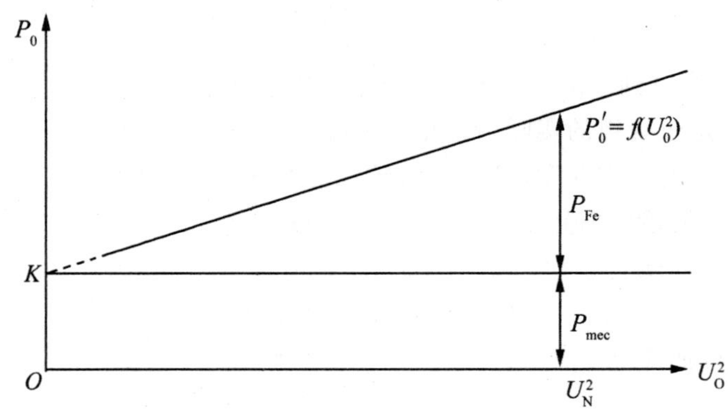

图 5-2　电机铁耗和机械耗

5. 作工作特性曲线 $P_1, I_1, \eta, S, \cos\varphi_1 = f(P_2)$。

由负载试验数据计算工作特性，填入表 5-5 中。

表 5-5　　$U_1 = 220\text{V}(\Delta)$

序号			电动机输入		电动机输出		计算值		
		$I_{1\varphi}$(A)	P_1(W)	T_2(N·m)	n(r/min)	P_2(W)	S(%)	η(%)	$\cos\varphi_1$

计算公式为：$I_{1\varphi} = \dfrac{I_{1L}}{\sqrt{3}} = \dfrac{I_A + I_B + I_C}{3\sqrt{3}}$

$$S = \frac{1500 - n}{1500} \times 100\%$$

$$\cos\varphi_1 = \frac{P_1}{3U_{1\varphi}I_{1\varphi}}$$

$$P_2 = 0.105 n T_2$$

$$\eta = \frac{P_2}{P_1} \times 100\%$$

式中：$I_{1\varphi}$——定子绕组相电流(A)；

$U_{1\varphi}$——定子绕组相电压(V)；

S——转差率；

η——效率。

6. 由损耗分析法求额定负载时的效率

电动机的损耗有：

铁耗：P_{Fe}

机械损耗：P_{mec}

定子铜耗：$P_{cu1}=3I_{1\varphi}^2 r_1$

转子铜耗：$P_{cu2}=\frac{P_{em}}{100}S$

杂散损耗 P_{ad}取为额定负载时输入功率的0.5%。

式中：P_{em}——电磁功率(W)。

$$P_{em}=P_1-p_{cu1}-P_{Fe}$$

铁耗和机械损耗之和为：

$$P_0'=P_{Fe}+P_{mec}=P_0-3I_{0\varphi}^2 r_1$$

为了分离铁耗和机械损耗，作曲线 $P_0'=f(U_0^2)$，如图5-2。

延长曲线的直线部分与纵轴相交于 K 点，K 点的纵座标即为电动机的机械损耗 p_{mec}，过 K 点作平行于横轴的直线，可得不同电压的铁耗 p_{Fe}。

电机的总损耗：

$$\sum P=P_{Fe}+P_{cu1}+P_{cu2}+P_{ad}+P_{mec}$$

于是求得额定负载时的效率为：

$$\eta=\frac{P_1-\sum P}{P_1}\times 100\%$$

式中 P_1,S,I_1 由工作特性曲线上对应于 p_2 为额定功率 p_N 时查得。

5.1.6 思考题

1. 由空载、短路实验数据求取异步电机的等效电路参数时，有哪些因素会引起误差？
2. 从短路实验数据我们可以得出哪些结论？
3. 由直接负载法测得的电机效率和用损耗分析法求得的电机效率各有哪些因素会引起误差？

5.2 三相异步电动机变频调速实验

5.2.1 实验目的

1. 掌握三相异步电动机变频调速系统的工作原理及组成。
2. 掌握三相异步电动机变频调速系统的特性及操作方法。

5.2.2 实验设备和仪器

三相异步电动机；变频器；交流数字式电压、电流、功率表；直流数字式电压、电流表；

数字式转速表;直流发电机;负载电阻箱。

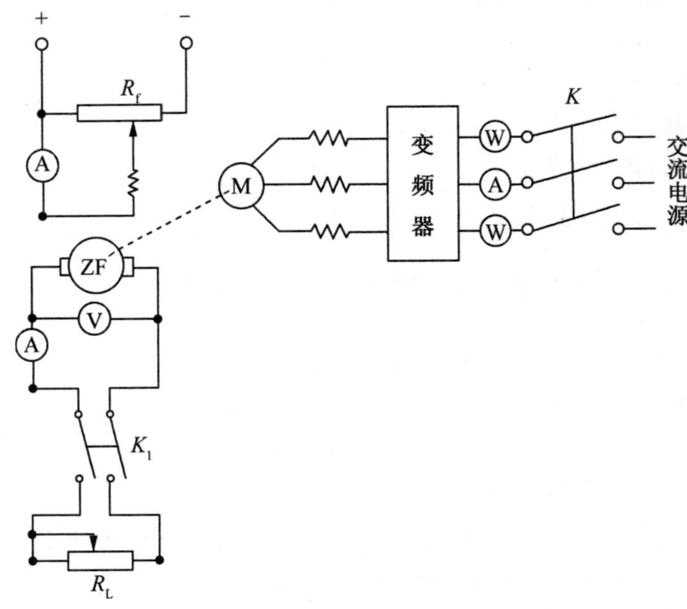

图 5-3　三相异步电动机变频调速实验接线图

5.2.3　实验线路图

ZF－直流发电机;M－三相异步电动机;R_f－直流励磁调节变阻器;R_L－发电机输出负载电阻;W－功率表;A－电流表。

5.2.4　实验内容

1. 变频器参数设定
2. 三相异步电动机变频调速实验

(1)三相异步电动机恒转矩调速特性实验。

(2)三相异步电动机恒功率调速特性实验。

5.2.5　实验步骤

1. 变频器参数设定

变频器的参数设定在实验过程中十分重要,参数设定不当,会导致启动、运行的不正常或工作时间跳闸。

变频器的品种不同,参数量亦不同。本实验所选用变频器为台达变频器和三菱变频器,设定范围 0.1～400Hz 之间。变频器的参数多达几十个,在设定中不是把全部的参数重新调整,而是保持大多数参数保持出厂值不变即可,而只把使用时原出厂值不合适的予以重新设定。例如:外部端子操作、模拟量操作、基底频率、最高频率、上限频率、下限频率、启动时间、制动时间、启动方式、制动方式、热电子保护、过流保护、过压保护、失速保护等等是必须要根据要求调整设定好。

变频器的相关参数指导教师已经提前设定好，实验时不需要重新设定，可根据实验要求直接操作变频器。若有特殊要求，可参照变频器使用说明书进行设置。

2. 三相异步电动机变频调速

(1) 三相异步电动机的恒转矩调速

恒转矩调速是保持电动机输出转矩不变的调速方式。实验中保持励磁电流 $I_f=C$，电枢电流 $I_a=C$，测取电动机的转速与电源频率间的关系。

①首先断开发电机负载开关K1，调节发电机负载电阻 R_L 处于最大值，调节发电机励磁电阻 R_f 到最大值。

② 合三相电源开关K，启动三相异步电动机。

③合上发电机负载开关K1，调节负载电阻 R_L 及励磁电阻 R_f，使电枢电流达到10A，负载电压为110V。

④逐渐降低变频器的频率输出，在50Hz到10Hz的频率输出范围内，记录7～8组数据，填入表5-6。

表5-6　　**恒转矩调速实验** $I_f=$____A，$I_a=$____A

f/Hz								
n/(r/min)								

(2) 三相异步电动机恒功率调速

恒功率调速是保持电动机输出功率不变的调速方式。实验中保持发电机的励磁电流和输出功率不变($U_aI_a=C$)，测取电动机的转速与电源频率间的关系。

① 在恒转矩试验基础上，断开发电机负载电阻开关K1，调节负载电阻 R_L 到最大值，调节变频器频率到50Hz；

②合上发电机负载开关K1，调节负载电阻 R_L，使三相异步电动机电流在4A左右，记录发电机的输出功率；

③保持发电机的输出功率不变，逐渐增大变频器的输出频率，在50Hz到60Hz的频率输出范围内，记录7～8组数据，填入表5-7。

表5-7　　**恒功率调速实验** $I_f=$____A，$P_{2F}=$____W

f/Hz								
n/(r/min)								

5.2.6 注意事项

1. 实验前应复习教科书有关章节，预习实验指导书，了解实验目的、项目、方法与步骤，明确实验过程中应注意的问题。

2. 建立小组，合理分工，每次实验都以小组为单位进行，每组由3～4人组成，实验进行中的调节负载、保持电压或电流、记录数据等工作每人应有明确的分工，以保证实验操作协调，记录数据准确无误。

3. 实验接线应正确、清晰，请指导教师检查正确后，方可进行实验。实验中若有异常现象，应立即切断三相电源，并排除故障。

5.2.7 实验报告要求

1. 数据的整理和计算。
2. 按记录及计算的数据用坐标纸画出曲线。
3. 根据实验数据，分析实验结果与理论是否符合。
4. 每人独立完成一份报告。

5.3 单相电阻启动异步电动机

5.3.1 实验目的

用实验方法测定单相电阻启动异步电动机的技术指标和参数。

5.3.2 预习要点

1. 单相电阻启动异步电动机有哪些技术指标和参数？
2. 这些技术指标怎样测定？参数怎样测定？

5.3.3 实验项目

1. 测量定子主、副绕组的实际冷态电阻。
2. 空载试验。
3. 短路试验。
4. 负载试验。

5.3.4 实验方法

1. 实验设备(见表 5-8)

表 5-8

序号	型号	名称	数量
1	DD03	导轨、测速发电机及转速表	1件
2	DJ21	单相电阻启动异步电动机	1件
3	D55-4	测功机控制箱	1件
4	D31	直流电压、毫安、安培表	1件
5	D32	交流电流表	1件
6	D33	交流电压表	1件
7	D34-3	单三相智能功率、功率因数表	1件
8	D42	三相可调电阻器	1件

2. 屏上挂件排列序

D55-4，D33，D32，D34-3，D31，D42

3. 分别测量定子主、副绕组的实际冷态电阻

测量方法见5-9，记录室温，数据记录于表5-9中。

表 5-9　　　　室温____℃

	主绕组			副绕组		
I(mA)						
U(V)						
R(Ω)						

4. 空载实验

(1)按图5-4接线。单相电阻启动异步电动机M选用DJ21，直接与测速发电机同轴联接(注：由于单相电阻启动异步电动机启动电流较大，所以做此实验时应把控制屏门后按钮开关打在"关"位置，切断过流保护，以防误操作)。

(2)调节调压器让M降压空载启动，在额定电压下空载运转使机械损耗达稳定(10分钟)。

(3)从1.1倍额定电压开始逐步降低至可能达到的最低电压值即功率和电流出现回升为止。

(4)其间测取数据7～9组，记录每组的电压U_0、电流I_0、功率P_0于表5-10中。

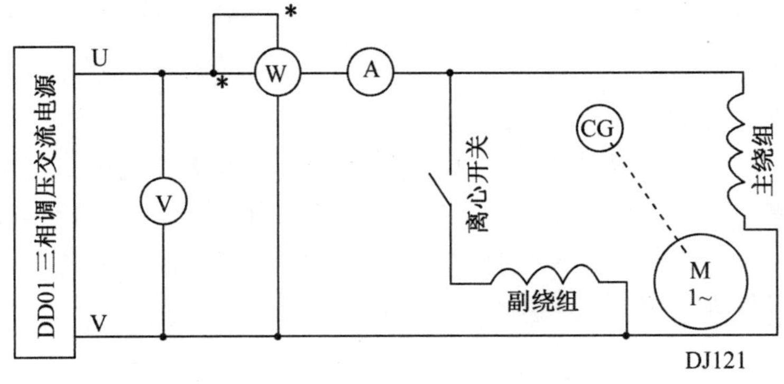

图5-4　单相电阻起动异步电动机接线图

表 5-10

序号									
U_0(V)									
I_0(A)									
P_0(W)									
$\cos\varphi_0$									

5. 短路实验

(1)把功率表的电流线圈短接，在电机 M 的轴端装上圆盘和弹簧秤。

(2)合上电源开关，升高电压至约 0.5 倍的额定电压值，使电流约为 2 倍额定电流，逐步降低电压至短路电流接近额定电流为止，测取短路电压 U_K、短路电流 I_K 及短路力矩 T_K。

(3)测量每组读数时，通电持续时间不得超过 5 秒，共取数据 5～6 组记录于表 5-11中。

表 5-11

序号						
U_K(V)						
I(A)						
F(N)						
T_K(N·m)						

转子绕组等值电阻的测定：将 M 的副绕组脱开，主绕组加低电压使绕组中的电流等于额定值，测取电压 U_{K0}，电流 I_{K0} 及功率 P_{K0}，记录于表 5-12 中。

表 5-12

U_{K0}(V)	I_{K0}(A)	P_{K0}(W)	r_2'(Ω)

6. 负载实验

(1)电动机 M 和测功机 CG 同轴联接。

(2)空载启动电动机，调节交流电源电压为电动机 M 的额定电压 220V 不变。

(3)调节测功机 CG 的控制箱 D55-4 给定调节旋钮，使电动机 M 的功率在(0.25～1.1)P_N倍额定功率范围内，测取 M 的定子电流 I、输入功率 P_1，P_2转矩 T_2及转速 n。

(4)共测取数据 7～8 组，记录于表 5-13 中。

表 5-13 $U_N=220V$

序号									
I(A)									
P_1(W)									
n(r/min)									
T_2(N·m)									
P_2(W)									
$\cos\varphi$									
S(%)									
η(%)									

5.3.5　实验报告

1. 由实验数据计算出电机参数。

(1)由空载实验数据计算参数 Z_0，X_0，$\cos\varphi$

空载阻抗：$Z_0=U_0/I_0$

式中：U_0 对应于额定电压值时的空载实验电压(V)；

　　I_0 对应于额定电压时的空载实验电流(A)；

空载电抗：$X_0=Z_0\sin\varphi_0$。

式中 φ_0——空载实验对应于额定电压时电压和电流的相位差可由 $\cos\varphi_0=P_0/(U_0I_0)$求得 φ_0。

(2)由短路实验数据计算 r_2'，$X_{1\sigma}$，$X_{2\sigma}$，X_m

短路阻抗：$Z_{K0}=U_{K0}/I_{K0}$

转子绕组等效电阻：$r_2'=P_{K0}/I_{K0}^2-r_1$

式中 r_1——定子主绕组电阻

定、转子漏抗：$X_{1\sigma}\approx X_{2\sigma}'\approx 0.5Z_{K0}\sin\varphi_{K0}$

式中 φ_{K0}——实验电压 U_{K0} 和电流 I_{K0} 的相位差。

可由式 $\cos\varphi_{K0}=P_{K0}/(U_{K0}I_{K0})$求得 φ_{K0}。

(3)励磁电抗 $X_m=2(X_0-X_{1\sigma}-0.5X_{2\sigma}')$

式中：$X_{1\sigma}$——定子漏抗(Ω)；$X_{2\sigma}'$——转子漏抗(Ω)。

2. 由负载实验数据，绘制电机工作特性曲线 P_1，I_1，η，$\cos\varphi$，$S=f(P_2)$。

3. 算出电动机的启动技术数据。

5.3.6　思考题

由电机参数计算出电机工作特性和实测数据是否有差异？是由哪些因素造成？

5.4　三相异步电动机的启动

5.4.1　实验目的

通过实验掌握异步电动机的启动和调速的方法。

5.4.2　预习要点

1. 复习异步电动机有哪些启动方法和启动技术指标。
2. 复习异步电动机的调速方法。

5.4.3　实验项目

1. 直接启动。
2. 星形——三角形(Y－Δ)换接启动。

3. 自耦变压器启动。

4. 线绕式异步电动机转子绕组串入可变电阻器启动。

5. 线绕式异步电动机转子绕组串入可变电阻器调速。

5.4.4 实验方法

1. 实验设备(见表 5-14)

表 5-14

序号	型号	名称	数量
1	D55-4	涡流测功机控制箱(转速、转矩、功率显示)	1 件
2	DD03	导轨、测功机	1 件
3	DJl6	三相鼠笼异步电动机	1 件
4	DJl7	三相线绕式异步电动机	1 件
5	D32	交流电流表	1 件
6	D33	交流电压表	1 件
7	D43	三相可调电抗器	1 件
8	D51	波形测试及开关板	1 件
9	DJl7-1	启动与调速电阻箱	1 件
10	DD05	测功支架、测功盘及弹簧秤	1 套

2. 屏上挂件排列顺序

D55-4,D33,D32,D51,D43

3. 三相鼠笼式异步电机直接启动试验

(1)按图 5-5 接线,电机绕组为 Δ 接法。异步电动机直接与测功机连接。

(2) 把交流调压器退到零位,开启电源总开关,按下“开”按钮,接通三相交流电源。

(3) 调节调压器,使输出电压达电机额定电压 220 伏,使电机启动旋转(如电机旋转方向不符合要求需调整相序时,必须按下”关”按钮,切断三相交流电源)。

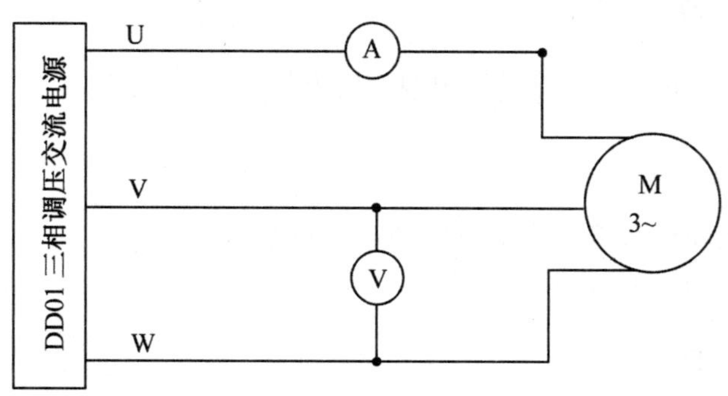

图 5-5　异步电动机直接启动

(4)再按下“关”按钮，断开三相交流电源，待电动机停止旋转后，按下”开”按钮，接通三相交流电源，使电机全压启动，观察电机启动瞬间电流值(按指针式电流表偏转的最大位置所对应的读数值定性计量)。

(5) 断开电源开关，将调压器退到零位，电机轴伸端装上圆盘(注：圆盘直径为 10cm)和弹簧秤。

(6)合上开关，调节调压器，使电机电流为 2～3 倍额定电流，读取电压值 U_K，电流值 I_K，转矩值 T_K(圆盘半径乘以弹簧秤力)，记录于表 5-15 中。试验时通电时间不应超过 10 秒，以免绕组过热。对应于额定电压时的启动电流 I_{st}启动转矩 T_{st}，按下式计算：

$$T_K = F \times \left(\frac{D}{2}\right)$$

$$I_{st} = \left(\frac{U_N}{U_K}\right) I_K$$

$$T_{st} = \left(\frac{I_{st}^2}{I_K^2}\right) T_K$$

式中：I_K——启动试验时的电流值(A)；

T_K——启动试验时的转矩值(N・m)。

表 5-15

测量值			计算值		
U_K(V)	I_K(A)	F(N)	T_K(N・m)	I_{st}(A)	T_{st}(N・m)

4. 星形—三角形(Y-Δ)启动

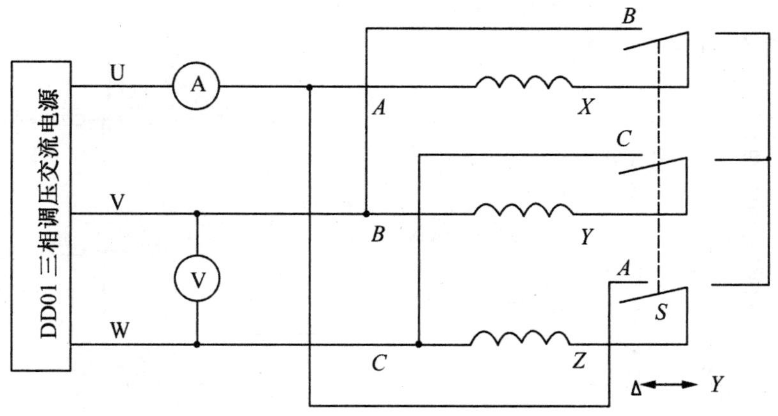

图 5-6　三相异步电动机星形—三角形启动

(1)按图 5-6 接线，线接好后把调压器退到零位。

(2)三刀双掷开关合向右边(Y 接法)，合上电源开关，逐渐调节调压器使 升压至电机额定电压 220 伏，打开电源开关，待电机停转。

(3)合上电源开关，观察启动瞬间电流，然后把 S 合向左边，使电机(Δ)正常运行，整个启动过程结束。观察启动瞬间电流表的显示值以与其他启动方法作定性比较。

5. 自耦变压器启动。

(1)按图 5-7 接线,电机绕组为 Δ 接法。

(2)三相调压器退到零位,开关 S 合向左边,自耦变压器选用 D43 挂箱。

(3)合上电源开关,调节调压器使输出电压达电机额定电压 220 伏,断开电源开关,待电机停转。

(4)开关 S 合向右边,合上电源开关,使电机由自耦变压器降压启动(自耦变压器抽头输出电压分别为电源电压的 40%,60%和 80%)并经一定时间再把 S 合向左边,使电机按额定电压正常运行,整个启动过程结束。观察启动瞬间电流以作定性的比较。

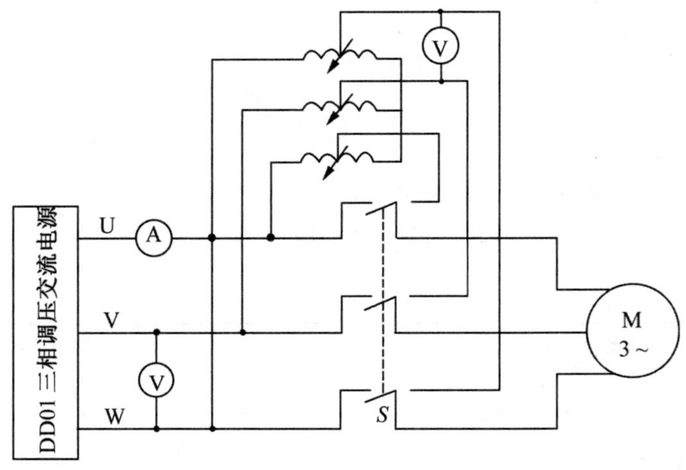

图 5-7　三相异步电动机自耦变压器法启动

6. 线绕式异步电动机转子绕组串入可变电阻器启动

电机定子绕组 Y 形接法:

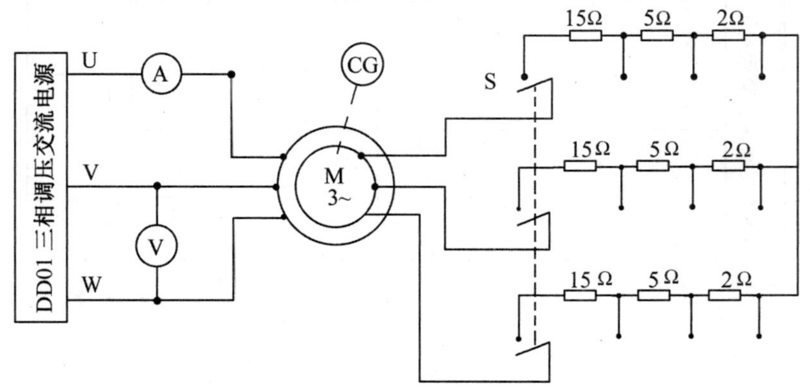

图 5-8　线绕式异步电动机转子绕组串电阻启动

(1)按图 5-8 接线。

(2)转子每相串入的电阻可用 DJ17-1 启动与调速电阻箱。

(3)调压器退到零位,同轴连接侧功机 CG 作为线绕式异步电机 M 的负载。

(4)接通交流电源,调节输出电压(观察电机转向应符合要求),在定子电压为 180 伏,转子绕组分别串入不同电阻值时,测取定子电流和转矩。

(5)试验时通电时间不应超过 10 秒以免绕组过热,数据记入表 5-16 中。

表 5-16

R_{st}(Ω)	0	2	5	15
I_{st}(A)				
T_{st}(N·m)				

5.4.5 实验报告

1. 比较异步电动机不同启动方法的优缺点。
2. 由启动试验数据求下述三种情况下的启动电流和启动转矩:

(1) 外施额定电压 U_N。(直接法启动)

(2) 外施电压为 $U_N/\sqrt{3}$。(Y-Δ 启动)

(3) 外施电压为 U_K/K_A,式中 K_A 为启动用自耦变压器的变比(自耦变压器启动)。

3. 线绕式异步电动机转子绕组串入电阻对启动电流和启动转矩的影响。
4. 线绕式异步电动机转子绕组串入电阻对电机转速的影响。

5.4.6 思考题

1. 启动电流和外施电压成正比,启动转矩和外施电压的平方成正比在什么情况下才能成立?
2. 启动时的实际情况和上述假定是否相符,不相符的主要因素是什么?

5.5 单相电容运转异步电动机

5.5.1 实验目的

用实验方法测定单相电容运转异步电动机的技术指标和参数。

5.5.2 预习要点

1. 单相电容运转异步电动机有哪些技术指标和参数?
2. 这些技术指标怎样测定? 参数怎样测定?

5.5.3 实验项目

1. 测量定子主、副绕组的实际冷态电阻。
2. 有效匝数比的测定。
3. 空载实验、短路实验、负载实验。

5.5.4 实验方法

1. 实验设备(见表 5-17)

表 5-17

序号	型号	名称	数量
1	DD03	导轨、测功机	1件
2	DJ20	单相电容运转异步电动机	1件
3	D32	交流电流表	1件
4	D33	交流电压表	1件
5	D34-3	单三相智能功率、功率因数表	1件
6	D42	三相可调电阻器	1件
7	D44	可调电阻器、电容器	1件
8	D51	波形测试及开关板	1件
9	D55-4	涡流测功机控制箱(转速、转矩、功率显示)	1件

2. 屏上挂件排列顺序

D55-4，D33，D32，D34-3，D42，D51，D44

3. 测量定子主、副绕组的实际冷态电阻，测量方法见第二章，记录当时室温，将数据记录于表 5-18 中。

表 5-18　　室温____℃

I(mA)						
U(V)						
R(Ω)						

4. 有效匝数比的测定

按图 5-9 接线，外配电容 C 选用 D44 上 4uF 电容。

(1)降压空载启动，将副绕组开路(打开开关 S_1)，主绕组加额定电压 220 伏，测量副绕组的感应电势 E_a。

(2)主绕组开路(打开开关 S_2)，加电压 U_a($U_a=1.25\times E_a$)，施于副绕组，测量主绕组的感应电势 E_m。

(3)主、副绕组的有效匝数比 K 按下式求得：

$$K=\sqrt{\frac{U_a\times E_a}{E_m\times 220}}$$

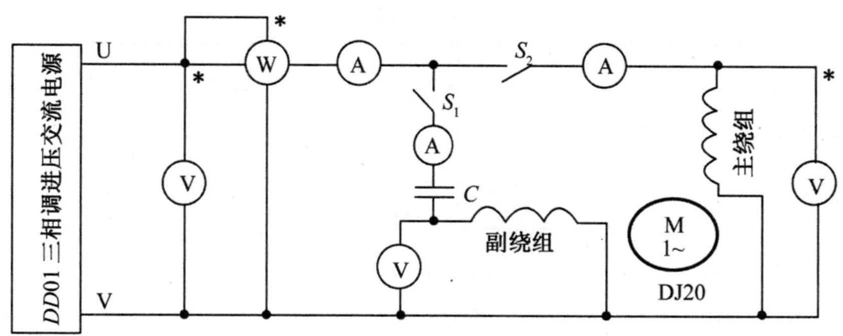

图 5-9　单相电容运转异步电动机接线图

5. 空载实验

(1)降压空载启动，再将副绕组开路(打开开关 S1)，主绕组加额定电压空载运转使机械损耗达稳定(15 分钟)。

(2)从 1.1～1.2 倍额定电压开始逐步降低到可能达到的最低电压值即功率和电流出现回升时为止，其间测取电压、电流、功率，共测取数据 7～9 组记录于表 5-19 中。

参数的计算方法见实验 4-3。

表 5-19

序号												
U_0(V)												
I_0(A)												
P_0(W)												
$\cos\varphi_0$												

6. 短路实验、负载实验

测量和参数的计算方法见实验 5-3。在短路试验时可升高电压到 0.95～1.05U_N，再逐次降压至短路电流接近额定电流为止。其间测取 U_K，I_K，T_K 等数据 5～7 组。将短路实验、负载实验的数据记录于表 5-20、表 5-21 中。

表 5-20

序号						
U_K(V)						
I_K(A)						
F(N)						
T_K(N·m)						

表 5-21 $U_N=220V$

序号									
$I_{主}$(A)									
$I_{副}$(A)									
$I_{总}$(A)									
P_1(W)									
$n(r/min)$									
T_2(N·m)									
P_2(W)									
η(%)									
$\cos\varphi$									
S(%)									

5.5.5 实验报告

1. 由实验数据计算出电机参数。
2. 由负载实验计算出电机工作特性：$P_1,I_1,\eta,\cos\varphi,S=f(P_2)$。
3. 算出电动机的启动技术数据。
4. 确定电容参数。

5.5.6 思考题

1. 由电机参数计算出电机工作特性和实验数据是否有差异？是由哪些因素造成的？
2. 电容参数该怎样确定？电容怎样选配？

5.6 三相异步发电机

5.6.1 实验目的

1. 研究三相异步发电机的自激条件、工作特性及运行问题。
2. 掌握异步电机的可逆原理。

5.6.2 预习要点

1. 三相异步发电机是以什么装置来充磁？自激磁的过程是怎样的？

2. 什么是三相异步发电机的空载特性？在求取空载特性曲线时，哪些物理量保持不变？哪些物理量应测取？

3. 在求取外特性时，为什么负载增加时发电机电压会急剧下降？

5.6.3 实验项目

1. 空载试验

保持 $n=n_N$ 不变,测取 $U_0=f(I_C)$,

保持 $n=n_N$ 不变,测取 $U_0=f(C)$。

2. 测取电容不变时空载电压与转速(频率)的关系,即保持 $C=$常数,测取 $U_0=f(n)$。

3. 测取空载电压不变时电容与转速的关系,即保持 $U_0=$常数,测取 $C=f(n)$。

4. 外特性

保持 $n=n_0$,$C=$常数,$\cos\varphi=1$,测取 $U=f(I)$。

5.6.4 实验方法

1. 实验设备(见表 5-22)

表 5-22

序号	型号	名称	数量
1	DD03	导轨、测功机	1 件
2	DJ16	三相鼠笼异步电动机	1 件
3	D32	交流电流表	1 件
4	D33	交流电压表	1 件
5	D34-3	单三相智能功率、功率因数表	1 件
6	D44	可调电阻器、电容器	1 件
7	D46	三相可调电容器	1 件
8	D51	波形测试及开关板	1 件
9	D42	三相可调电阻器	1 件

2. 屏上挂件排列顺序

D55-4, D44,D51,D33,D32,D34-3,D46

3. 空载试验:

(1) 按图 5-10 接线。直流电机 MG 按他励方式联接,用作电动机拖动三相鼠笼电机 M 旋转,M 的定子绕组为 Δ 形接法($U_N=220$V)。R_{f1} 选用 D44 上 900Ω 加上 900Ω 共 1800Ω 阻值,R_L 选用 D44 上 90Ω 加上 90Ω 共 180Ω 阻值。R 选用 D42 上 900Ω 加上 900Ω 共 1800Ω 阻值(共三组)。可调电容 C 选用 D46 挂件。采用 D46 上 C_1 与 C_3 并联,并把 C_3 调至最小值。开关 S_1,S_2 打在断开位置。

(2) 把 MG 电枢串联启动电阻 R_L 调至最大,R_{f1} 调至最小。先接通励磁电源,再接通电枢电源。电动机 MG 正常运转后,调节 R_{f1} 使发电机转速为 1500r/min。

(3) 保持电机转速为 1500r/min 不变。合上开关 S_1,调节电容器,即调节电容电流 I_c,使发电机输出电压约为 1.2 倍额定电压。读取对应的空载电压 U_0,电容值 C,电容电

流 I_c。共读取数据 6～7 组记录于表 5-23 中。

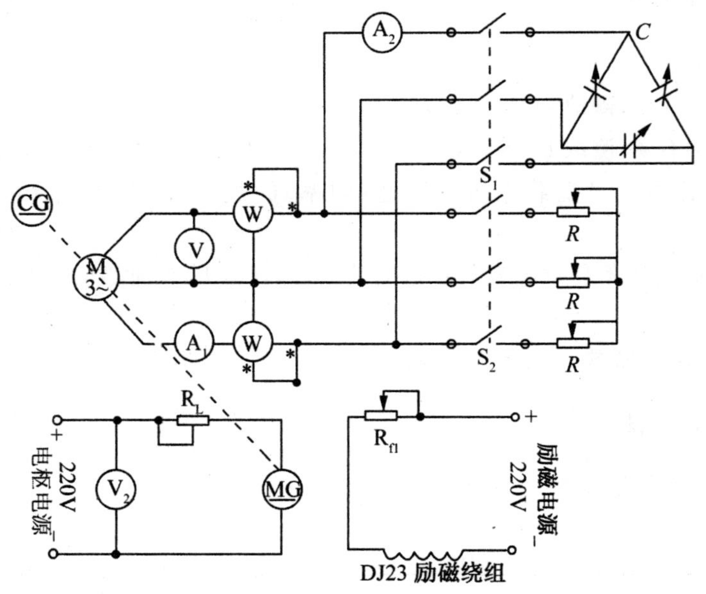

图 5-10　三相异步发电机空载实验接线图

表 5-23　　　　$n=u_N=$____ r/min

序号							
U_0(V)							
I_c(A)							
C(uF)							

(4)根据空载试验数据可作出空载特性曲线 $U_0=f(I_C)$ 和空载电压与电容的关系曲线 $U_0=f(C)$，如图 5-11、图 5-12 所示。

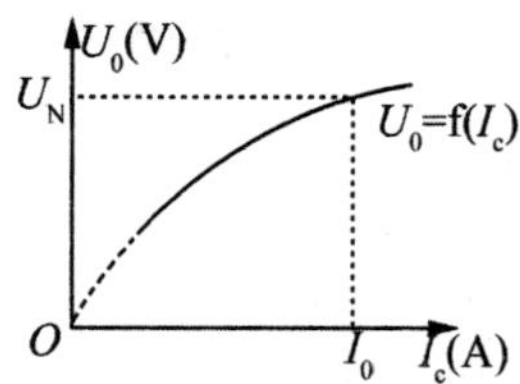

图 5-11　空载特性曲线

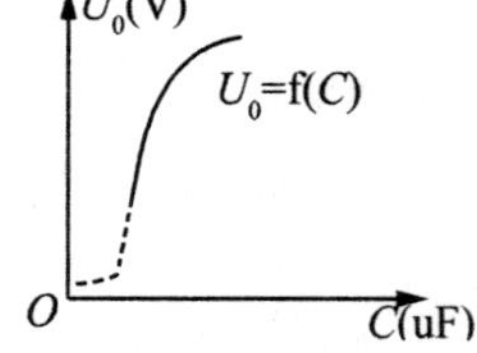

图 5-12　电压与电容的关系曲线

(5)由图 5-11 和图 5-12 可见，电压与电容的关系曲线与空载特性曲线相似，只有当电容量达一定数值时，空载电压才趋于稳定。

(6)按(1)、(2)步骤启动电机。增大可调电容使发电机电压接近于额定电压。保持这一电容 C 不变，缓慢增大 R，阻值即减小电机转速。在 1500r/min 至 1450r/min 之间测取空载电压与转速(频率)的关系，即 $U_0=f(n)$。共取 5～6 组数据记录于表 5-24 中。

表 5-24　　$C=$____ uF

序号							
n(r/min)							
U_0(V)							

(7) 根据表 5-24 可作出空载电压与转速(频率)$U_0=f(n)$的关系曲线,如图 5-13 所示。由图可看出空载电压与转速(频率)曲线近似于线性关系。

(8)按(1)、(2)步骤启动电机。增大可调电容使发电机电压接近于额定电压并保持不变。缓慢增大 R,阻值即减小电机转速。在 1500r/min 至 1650r/min 之间测取电容与转速(频率)的关系,即 $C=f(n)$。注意在实验过程中保持电压基本不变,共取 6～7 组数据记录于表 5-25 中。

表 5-25　　$U_o\approx$____ V

序号							
n(r/min)							
C(uF)							

(9) 根据表 5-25 可作出电容与转速(频率)$C=f(n)$的关系曲线,如图 5-15 所示。图 5-15 表明频率低时所需电容最大,在低转速时要达到额定电压需要的电容量增加很多。

4. 外特性实验

(1)在断电的条件下,按图 5-11 接线。可调电容 C 采用 D46 上 C_1,C_2,C_3 三组电容并联,并把 C_3 调至最小值。电阻 R 选用 D42 上 900Ω 加上 900Ω 共 1800Ω 阻值(共三组)并调至最大值。开关 S_1、S_2 打在断开位置。

(2)把 MG 电枢串联启动电阻 R_1 调至最大,R_{f1} 调至最小。先接通励磁电源,再接通电枢电源。电动机 MG 正常运转后,调节 R_{f1} 使发电机转速为 1500r/min 并保持不变。

(3)先合上开关 S_2,再合上开关 S_1。调节电容 C 值和电阻 R 值(三组电阻同时调节)使发电机电压接近于额定电压,记录此时 U,I 值。保持此电压和转速为 1500r/min 不变,逐渐增大电阻 R 值直至空载(断开开关 S_2)。其间共测 6～7 组数据记录于表5-26中。

表 5-26　　$n=$____ r/min　$C=$____ μF

序号							
U(V)							
I(A)							

(4)由表 5-26 可作出三相异步外特性曲线图,如图 5-16 所示。负载增加时电压下降,当负载增至临界值,继续增加负载,电流反而减小,线电压急剧下降。

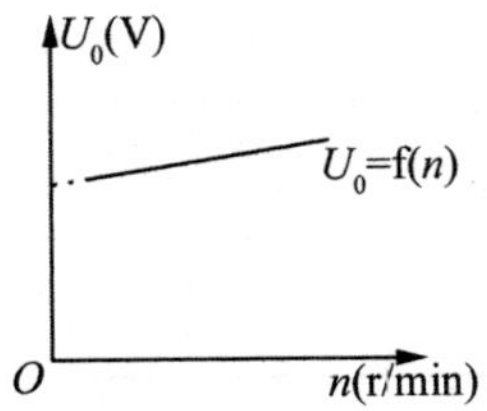

图 5-13 空载电压与转速(频率)的关系曲线

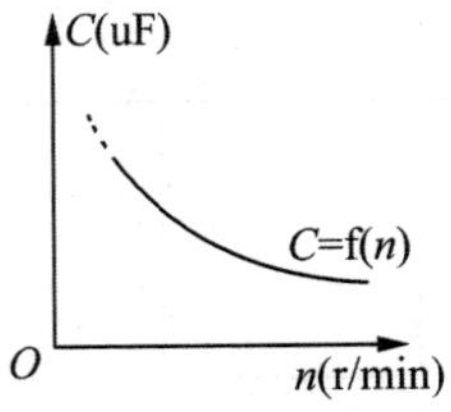

图 5-14 电容与转速的关系曲线(C=常数)

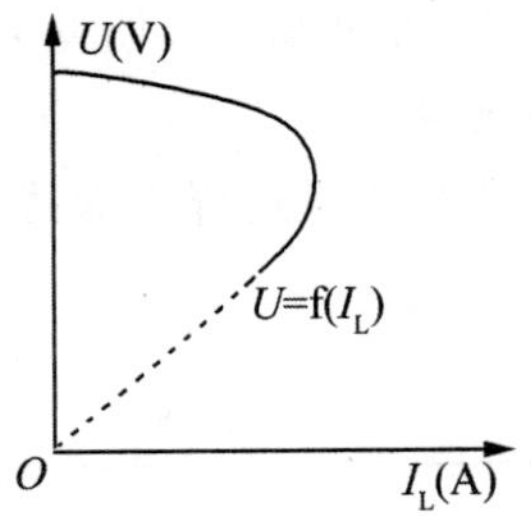

图 5-15 外特性曲线

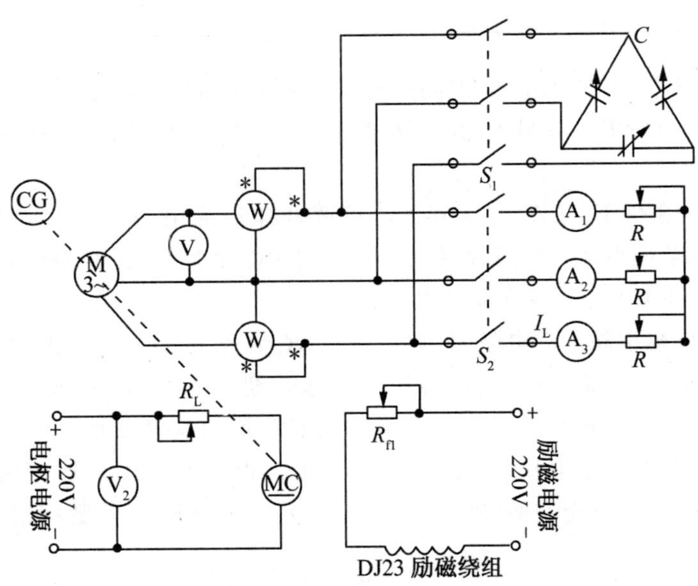

图 5-16 三相异步发电机负载实验接线图

5.6.5 实验报告

1. 根据空载实验数据,作出三相异步发电机空载特性曲线 $U_0=f(C)$,$U_0=f(n)$,$C=f(n)$。

2. 根据负载实验数据,作出三相异步发电机外特性曲线 $U=f(I_L)$。

5.7 三相异步电动机的温升实验

5.7.1 实验目的

1. 掌握用直接负载法测异步电动机温升的方法。
2. 掌握用等效负载法测异步电动机温升的方法。
3. 掌握根据实验数据间接求取电动机定子绕组电阻值和温度值的方法。

5.7.2 实验内容

1. 用直接负载法测异步电动机的温升。
2. 用等效负载法测异步电动机的温升。

5.7.3 实验设备(见表5-27)

表5-27

序号	型号	名称	数量
1	DD03	导轨、测功机及转速表	1台
2	DJ23	直流电动机	1台
3	DJ15	直流并励电动机	1台
4	D31	直流电压、毫安、电流表	2件
5	D42	三相可调电阻器	1件
6	DJ16	三相鼠笼式异步电动机	1件
7	QJ120	电桥、温度计	1件

5.7.4 预习要点

1. 预习直接负载法测异步电动机的温升的原理。
2. 预习等效负载法测异步电动机的温升的原理。

5.7.5 实验说明及操作步骤

1. 实验说明

(1)为缩短实验时间,在直接负载法测电动机温升的开始阶段,电动机可适当过载。

(2)对容量较大的电动机,可以采用回馈方式的直接负载法测电动机的温升,将能量回馈到电网。

(3)采用定子叠频方式的等效负载法测电动机的温升时,若被试电动机容量较大,主电源应由发电机单独供电,以免对电网产生不利影响。

2. 操作步骤

(1)直接负载法测异步电动机的温升实验线路如图 5-17 所示

①将测量冷却介质(空气)的温度计放置在异步电动机附近并避免受其他因素影响。此温度计用来测量被试电动机周围的环境温度。

②将温度计端部紧贴并固定在异步电动机铁心表面,以测量电动机铁心温度。

③先测量异步电动机定子绕组的冷态电阻,测量方法见第二章第五节。读取数据后,立即测量被试电动机周围的环境温度。

④合上交流电源开关,启动异步电动机,调节电源电压使电动机定子绕组端电压 $U=U_N$。

⑤调节测功机上"给定调节"旋钮,增大电动机的负载,使异步电动机的定子绕组电流 $I=I_N$。

⑥每间隔 15 分钟读取异步电动机的定子电压 U、电流 I、功率 P、铁心温度 θ_{Fe} 和冷却介质温度 θ_c,直到电动机铁心温度达到稳定状态(1 小时之间铁心温度变化不超过 ±1℃),将所测数据记录下表 5-28 中。

表 5-28

序号	t(s)	U(V)	I(A)	P_{W1}(W)	P_{W2}(W)	θ_{Fe}(℃)	θ_c(℃)
1							
2							
3							
4							
5							

⑦电动机铁心温度达到稳定值后,断开电源立即使电动机停转,用电桥或数字式万用表迅速测量异步电动机定子绕组的热态电阻 R_1,同时记录断电瞬间的时间 t_0 连续测量对应断电后不同时刻的电阻值,共读取 7 组数据记录在下表 5-29 中。

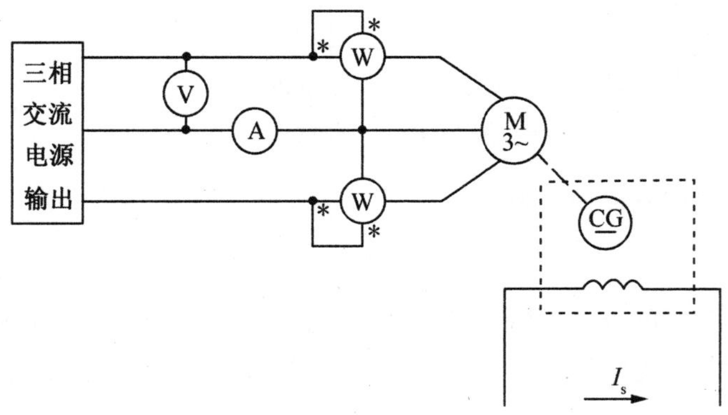

图 5-17 直接负载法测异步电动机温升接线图

表 5-29

序号	1	2	3	4	5	6	7
R_1(Ω)							
t(s)							

(2)等效负载法测异步电动机的温升

实验线路如图 5-18 所示。采用定子叠频方法的等效负载法测电动机定子绕组温升就是将两种不同频率的电压串联后加到被试异步电动机定子绕组上。图 5-18 所示线路中主电源由电网提供，而副电源由同步发电机提供。

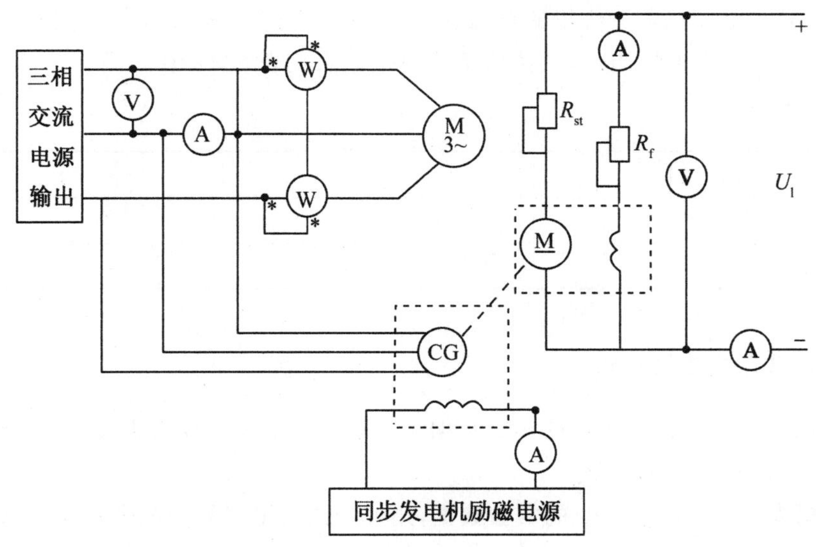

图 5-18　定子叠频法测异步电动机温升接线图

①按上述方法布置测量温度计并测量异步电动机定子绕组的冷态电阻。

②分别由主、副电源启动被试电动机，注意两种启动方法的转向应该一致。

③合上交流电源开关，启动异步电动机，调节电源电压使电动机在额定频率、额定电压下空载运行。

④启动直流电动机，调节励磁回路电阻 R_f，使其拖动的副电源同步发电机的转速达到(0.75～0.85)n_N，即副电源的频率达到(38～42)Hz。

⑤合上副电源同步发电机转子励磁电源开关，调节同步发电机励磁电源电位器，使被试异步电动机的定子电流达到额定值。在此过程中要保持被试电动机的端电压为额定值。

⑥每间隔 15 分钟读取异步电动机的定子电压 U、电流 I、功率 P、铁心温度 θ_{Fe} 和冷却介质温度 θ_c，直到电动机铁心温度达到稳定状态，将所测数据汇录下表 5-30 中。

表 5-30

序号	t(s)	U(V)	I(A)	P_{W1}(W)	P_{W2}(W)	θ_{Fe}(℃)	θ_c(℃)
1							
2							
3							
4							
5							

⑦电动机铁心温度达到稳定值后，断开电源立即使电动机停转，用电桥或数字式万用表迅速测量异步电动机定子绕组的热态电阻 R_1，同时记录断电瞬间的时间 t_0。连续测量对应断电后不同时刻的电阻值，共读取 7 组数据记录在表 5-31 中。

表 5-31

序号	1	2	3	4	5	6	7
R_1(Ω)							
t(s)							

5.7.6 实验报告及要求

1. 根据表 5-28 和表 5-29 的实验数据可求取最后稳定的铁心温度 θ_{Fe} 和冷却介质温度 θ_c 的差值，即为铁心的温升。

2. 根据表 5-30 和表 5-31 的实验数据，用外推法可求得异步电动机定子绕组的电阻值和温度值。由所测数据，作定子绕组电阻值与时间的对数曲线 $\lg R_t = f(t)$，如图 5-19 所示。从断电后最初测得的数据点延长电阻变化曲线到纵轴，即可以用外推法间接求得断电瞬间绕组的电阻值 $\lg R_m$。

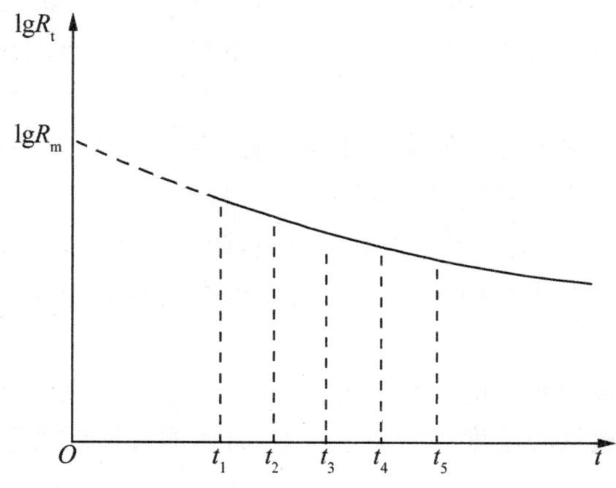

图 5-19　外推法求取断电后定子绕组电阻的变化曲线

定子绕组电阻温升 $\Delta\theta$ 计算式为

$$\Delta\theta=\frac{R_m-R_0}{R_0}(K+\theta_0)+\theta_0-\theta_c$$

式中：R_m 为断电瞬间绕组的电阻值；R_0 为实际冷态时绕组的电阻值；θ_c 为实验结束时冷却介质温度；K 为系数，对于铜绕组取 235；对于铝绕组取 228。

3. 比较直接负载法和等效负载法测得的异步电动机的温升值。

5.7.7　思考题

1. 用直接负载法和等效负载法测得的异步电动机的温升各有什么特点？
2. 怎样提高温升实验的准确性？

5.8　三相异步电动机杂散损耗的测定

5.8.1　实验目的

1. 掌握用测功机输入输出法测异步电动机杂散损耗方法。
2. 掌握用电动机反转法测异步电动机杂散损耗方法。

5.8.2　实验内容

1. 用测功机输入输出法测异步电动机的杂散损耗。
2. 用电动机反转法测异步电动机的杂散损耗。

5.8.3　实验设备与仪表

1. 实验设备(见表 5-32)

表 5-32

序号	型号	名称	数量
1	DD03	导轨、测功机及转速表	1台
2	DJ23	直流电动机	1台
3	DJ15	直流并励电动机	1台
4	D31	直流电压、毫安、电流表	2件
5	D42	三相可调电阻器	1件
6	DJ16	三相鼠笼式异步电动机	1件
7	QJ120	电桥、温度计	1件

5.8.4　实验预习

1. 异步电动机杂散损耗的定义及影响其大小的因素。
2. 预习用测功机输入输出法测异步电动机的杂散损耗的原理。

3. 预习用电动机反转法测异步电动机的杂散损耗的原理。

5.8.5 实验说明及操作步骤

1. 实验说明

(1)因为用测功机输入输出法测异步电动机的杂散损耗相对误差比较大,如果实验条件允许可以优先采用异步机反转法测杂散损耗。

(2)测量异步电动机基频杂散损耗,应采用低功率因数功率表。

2. 操作步骤

(1)测功机输入输出法测杂散损耗

实验线路如图 5-20 所示。

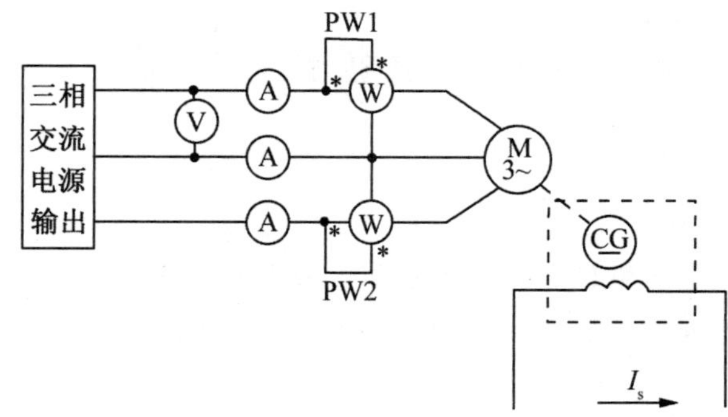

图 5-20 测功机输入输出法测杂散损耗的接线图

(2)测量异步电动机定子绕组的冷态电阻,方法参考第二章第四节,读取数据后,立即测量被测电动机周围的环境温度。

(3)合上三相交流电源开关,启动异步电动机,调节电压使电动机定子绕组电压 $U=U_N$。

(4)按第 5 章第 1 节实验方法,进行异步电动机空载实验并由空载实验数据求取电动机的铁耗 p_{Fe} 和机械损耗 p_{Fw}。

(5)保持电动机端电压 $U=U_N$ 不变,调节测功机上“给定调节”旋钮,增大电动机的负载,使异步电动机的定子绕组电流达到 $I=1.25I_N$ 为止。在此范围内记录电动机三相输入电流 I、输入功率 P_1 及电动机的转速 n 输出转矩 T_2 的数据,共读取 5 组,记录到表5-33中。

表 5-33

序号	I(A)				P(W)			T_2(N·m)	n(r/min)
	I_U	I_V	I_W	I_1	P_{W1}	P_{W2}	P_1		
1									
2									
3									
4									
5									

(6)保持电动机端电压 $U=U_N$ 不变,调节测功机"给定调节"旋钮,减小电动机的负载,直到异步电动机的为空载。在此范围内记录电动机三相输入电流 I_1、输入功率 P_1 及电动机的转速 n、输出转矩 T_2 的数据,共读取 5 组记录到表 5-34 中。

表 5-34

序号	I(A)				P(W)			T_2(N·m)	n(r/min)
	I_U	I_V	I_W	I_1	P_{W1}	P_{W2}	P_1		
1									
2									
3									
4									
5									

3. 异步电动机反转法测杂散损耗

实验线路如图 5-21 所示,测试时,辅助电动机的旋转方向与被试电动机相反,使被试电动机处于电磁制动状态。

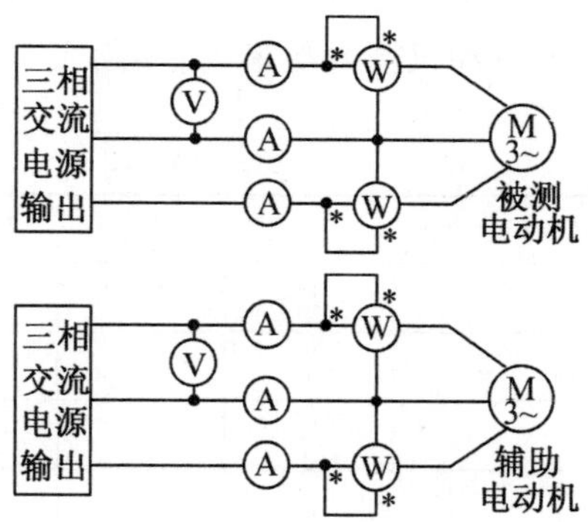

图 5-21　异步电动机反接法测杂散损耗的接线图

4. 基频杂散损耗的测定

(1)将被试电动机转子取出,端盖等构件仍应就位。

(2)合上交流电源开关,在被试电动机定子绕组上加额定频率的低电压。

(3)调节电压使被试电动机定子电流在(0.5~1.1)I_N 范围,读取被试电动机的三相输入电流 I_1、输入功率 P_1,共读取 5 组,记录到表 5-35 中。

(4)断开电源开关,立即测量被测电动机定子绕组电阻及周围的环境温度。

表 5-35

序号	I(A)				P(W)		
	I_U	I_V	I_W	I_1	P_{W1}	P_{W2}	P_1
1							
2							
3							
4							
5							

5. 高频杂散损耗的测定

(1)测量异步电动机定子绕组冷态电阻的方法参见第二章第四节。读取数据后,立即测量被测电机周围的环境温度。

(2)合上三相交流电源开关,启动辅助电动机,调节电压使电动机定子绕组电压 $U=U_N$。

(3)保持辅助电动机端电压 $U=U_N$ 不变。当机组机械损耗稳定后启动被试电动机。缓慢调节电压使被试电动机定子电流达到额定值,维持 10 分钟预热时间。

(4)调节电压是被试电动机定子电流在(0.5～1.1)I_N 范围,读取被试电机的三相输入电流 I_1、输入功率 P_1 和辅助电动机输入功率 P_{a1} 共读取 5 组。记录到表 5-36 中。

表 5-36

序号	I(A)				P(W)			
	I_U	I_V	I_W	I_1	P_{W1}	P_{W2}	P_1	
1								
2								
3								
4								
5								

(5)断开被测电机的电源开关,读取辅助电机的输入功率 P_{a0}。

(6)断开辅助电机的电源开关,立即测量被测电机定子绕组电阻及周围的环境温度。

5.8.6 实验报告与要求

1. 根据测功机输入输出法实验数据,求被试电动机的杂散损耗。

(1)计算杂散损耗。其计算式为

$$P_s=P_1-P_2-P_{Fe}-P_{fw}-P_{cu1}-P_{cu2}$$

式中:P_1 为电动机的输入功率;P_2 为输出功率。根据测功机的输出转矩 T_2 和电动机的转速 n 计算求得;铁耗 P_{Fe} 和机械损耗 P_{fw} 由空载实验求得;定子绕组铜耗是 P_{cu1},按实验测得的电阻值计算求得;转子绕组铜耗 P_{cu2};按实验测得的转差率计算求得。

(2)根据表 5-33 和表 5-34 的实验数据绘制负载上升和下降时杂散损耗与定了电流的曲线。

(3)取上一问中,两条曲线的平均值绘制曲线 $P_s=f(I_1)$。不同负载电流下的杂散损耗可在平均曲线上查取。

2. 根据异步机反转法实验数据,求被试电动机的杂散损耗。

(1)确定基频杂散损耗。其计算式为

$$P_{sf}=P_1-3I_1^2R_1$$

式中,P_1 为电动机的输入功率;R_1 为定子绕组每相电阻。

(2)根据表 5-34 的实验数据,绘制曲线 $P_{sf}=f(I_1)$。

(3)确定高频杂散损耗。其计算式为

$$P_{sh}=P_{a1}-P_{a0}-(P_1-3I_1^2R_1-P_{sf})$$

(4)确定计算用高频杂散损耗。其计算式为

$$P'_{sh}=P_{a1}-P_{a0}-(P_1-3I_1^2R_1)$$

(5)根据表 5-35 的实验数据绘制曲线 $P'_{sh}=f(I_1)$。

(6)求取总杂散损耗,将曲线 $P_{sf}=f(I_1)$和 $P'_{sh}=f(I_1)$绘制在同一坐标中,如图 5-22 所示。

三相计算输入电流为

$$I'_1=\sqrt{I_1^2-I_0^2}$$

式中:I_0 为被试电机在额定电压下的空载电流。

从图 5-22 中可查对应计算电流 I'_1的基频杂散损耗 P_{sf}和计算用高频杂散损耗 P'_{sh},可得被试电机总杂散损耗为

$$P_s=P'_{sh}+2P_{sf}$$

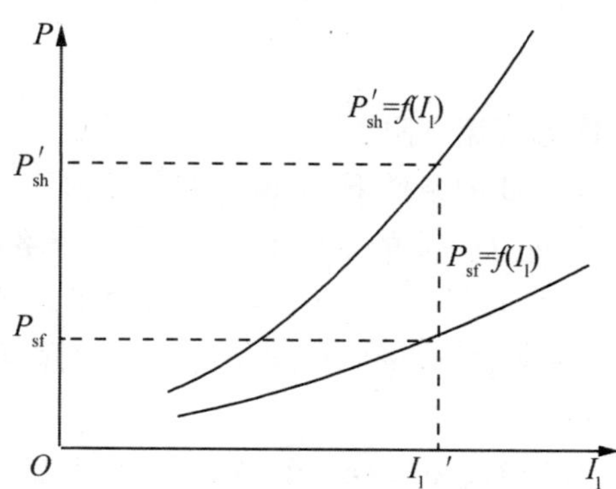

图 5-22　基频杂散损耗和计算用高频杂散损耗与定子电流关系

5.8.7　实验思考

1. 用测功机输入输出法测异步电动机的杂散损耗相对误差比较大的原因是什么?

2. 采用异步机反转法实验数据曲线求杂散损耗时,为什么要对定子电流 I_1 进行修正而采用计算电流 I'_1?

第6章　同步电机实验

6.1　三相同步发电机的运行特性

6.1.1　实验目的

1. 用实验方法测量同步发电机在对称负载下的运行特性。
2. 由实验数据计算同步发电机在对称运行时的稳态参数。

6.1.2　预习要点

1. 同步发电机在对称负载下有哪些基本特性?
2. 这些基本特性各在什么情况下测得?
3. 怎样用实验数据计算对称运行时的稳态参数?

6.1.3　实验项目

1. 测定电枢绕组实际冷态直流电阻。
2. 空载实验:在 $n=n_N$,$I=0$ 的条件下,测取空载特性曲线 $U_0=f(I_f)$。
3. 三相短路实验:在 $n=n_N$,$U=0$ 的条件下,测取三相短路特性曲线 $I_k=f(I_f)$。
4. 纯电感负载特性:在 $n=n_N$,$I=I_N$,$\cos\varphi\approx0$ 的条件下,测取纯电感负载特性曲线。
5. 外特性:在 $n=n_N$,$I_f=$常数,$\cos\varphi=1$ 和 $\cos\varphi=0.8$(滞后)的条件下,测取外特性曲线 $U=f(\mathrm{I})$。
6. 调节特性:在 $n=n_N$,$U=U_N$,$\cos\varphi=1$ 的条件下,测取调节特性曲线 $I_f=f(I)$。

6.1.4　实验方法

1. 实验设备(见表 6-1)

表 6-1

序号	型号	名称	数量
1	DD03	导轨、测功机(转速显示)	1 件
2	DJ23	直流电动机	1 件
3	DJ18	三相凸极式同步电机	1 件
4	D32	交流电流表	1 件
5	D33	交流电压表	1 件
6	D34-3	单三相智能功率、功率因数表	1 件
7	D31	直流电压、毫安、安培表	1 件
8	D41	三相可调电阻器	1 件
9	D42	三相可调电阻器	1 件
10	D43	三相可调电抗器	1 件
11	D44	可调电阻器、电容器	1 件
12	D52	旋转灯、并网开关、同步机励磁电源(24V)	1 件

2. 屏上挂件排列顺序

D55-4,D44,D33,D32,DM-3,D52,D31,D41,D42,D43

3. 测定电枢绕组实际冷态直流电阻被试电机为三相凸极式同步电机,选用 DJ18。记录室温,测量数据记录于表 6-2 中。

表 6-2　　　　室温____℃

	绕组Ⅰ			绕组Ⅱ			绕组Ⅲ		
I(mA)									
U(V)									
R(Ω)									

4. 空载实验

操作步骤:

(1)按图 6-1 接线,直流电动机(MG)按他励方式联接,用作电动机拖动三相同步发电机(GS)旋转,GS 的定子绕组为 Y 形接法($U_N=220$V)。R_{f2}用 D41 组件上的 90Ω 与 90Ω 串联加上 90Ω 与 90Ω 并联共 225Ω 阻值,R_{st}用 D44 上的 180Ω 电阻值,R_{f1}用 D44 上的 1800Ω 电阻值。开关 S_1,S_2 选用 D51 挂箱。

(2)调节 D52 上的 24V 励磁电源串接的 R_{f2}至最大位置。调节 MG 的电枢串联电阻 R_{st}至最大值,MG 的励磁调节电阻 R_{f1}至最小值,开关 S_1,S_2 均断开,将控制屏左侧调压器旋钮向逆时针方向旋转退到零位,检查控制屏上的电源总开关、电枢电源开关及励磁电源开关都须在“关”断的位置,做好实验开机准备。

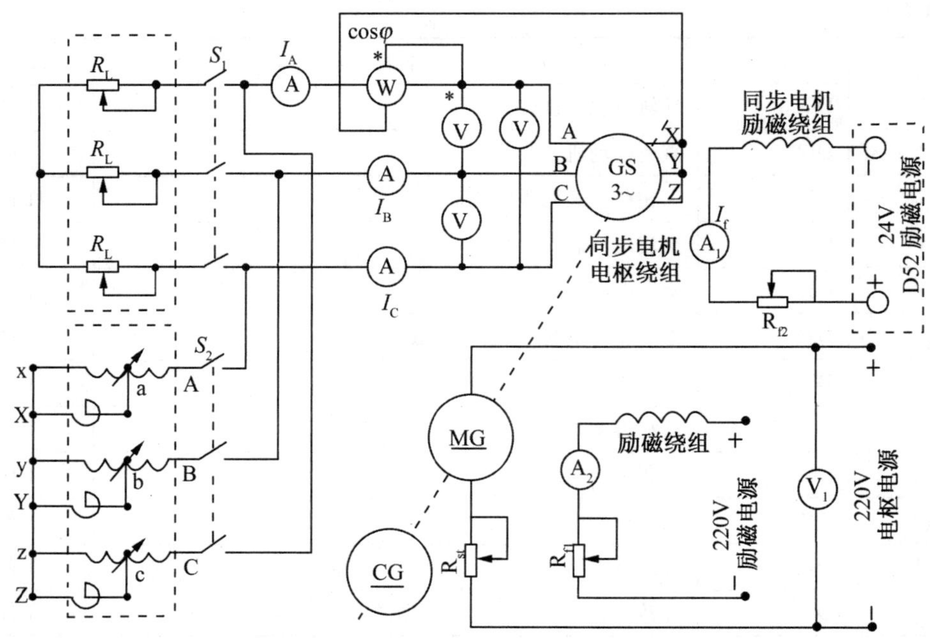

图 6-1　三相同步发电机实验接线图

(3)接通控制屏上的电源总开关,按下“开”按钮,接通励磁电源开关,看到电流表 A_2 有励磁电流指示后,再接通控制屏上的电枢电源开关,启动 MG。MG 启动运行正常后,把 R_{st} 调至最小,调节 R_{f1} 使 MG 转速达到同步发电机的额定转速 1500r/min 并保持恒定不变。

(4)接通同步发电机(GS)励磁电源,调节同步发电机(GS)励磁电流(必须单方向调节),使 I_f 单方向递增至同步发电机(GS)输出电压 $U_0 \approx 1.3U_N$ 为止。

(5)单方向减小同步发电机(GS)励磁电流 I_f,使 I_f 单方向减至零值为止,读取同步发电机励磁电流 I_f 和相应的空载电压 U_0,读取数据 7～9 组并记录于表 6-3 中

表 6-3　　$n = n_N = 1500\text{r/min}$　$I = 0$

序号										
U_0(V)										
I_f(A)										

在用实验方法测定同步发电机的空载特性时,由于转子磁路中剩磁情况的不同,当单方向改变励磁电流 I_f 从零到某一最大值,再反过来由此最大值减小到零时将得到上升和下降的二条不同曲线,如图 6-2 所示。二条曲线的出现,反映铁磁材料中的磁滞现象。测定参数时使用下降曲线,其最高点取 $U_0 \approx 1.3U_N$,如剩磁电压较高,可延伸曲线的直线部分使与横轴相交,则交点的横座标绝对值 Δi_{f0} 应作为校正量,在所有试验测得的励磁电流数据上加上此值,即得通过原点之校正曲线,如图 6-3 所示。

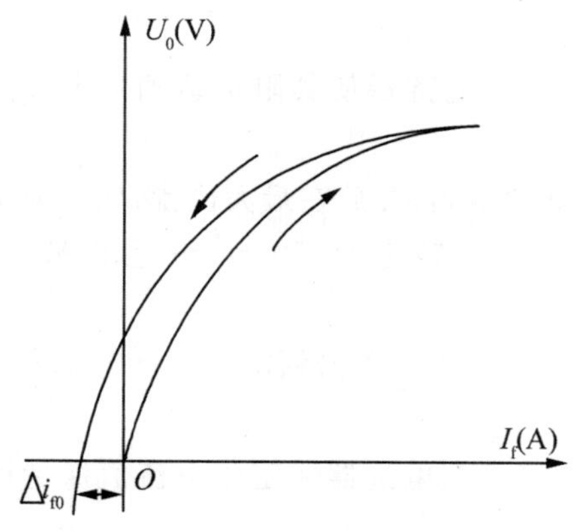

图 6-2 上升和下降空载特性

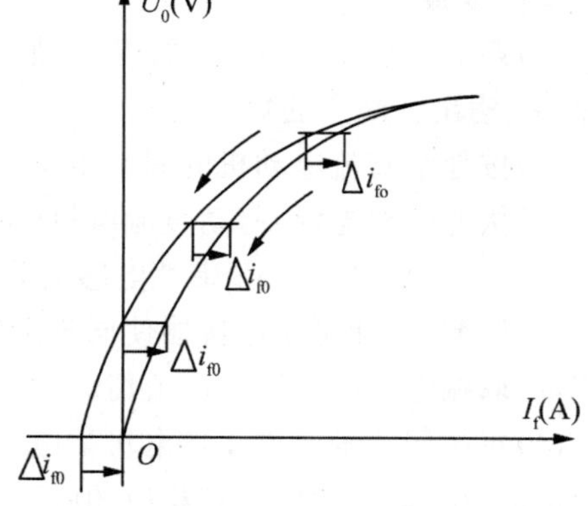

图 6-3 校正过的下降空载特性

注意事项:

①空载实验时同步发电机转速1500转恒定不变。

②空载实验时以电压为准,合理分配数据采集点,在额定电压附近数据应当密集一些,且额定点必读。

③调节同步发电机励磁电阻时一定要单方向调节。

5. 三相短路试验

操作步骤:

(1)调节同步发电机(GS)的励磁电源回路串接的电阻 R_{f2} 至最大值。调节电机转速为额定转速1500转且保持恒定。

(2)接通GS的24V励磁电源,调节 R_{f2} 使GS输出的三相线电压(即三只电压表V的读数)最小,然后把同步发电机(GS)电枢输出三端点短接。

(3)调节GS的励磁电流 I_f 使其定子电流 $I_K=1.2I_N$,读取GS的励磁电流值 I_f 和相应的定子电流值 I_K。

(4)减小GS的励磁电流使定子电流减小,直至励磁电流为零(断开),读取励磁电流 I_f 和相应的定子电流 I_K,读取数据5~6组并记录于表6-4中。

表 6-4 $U=0V;n=n_N=1500r/min$

序号							
I_K(A)							
I_f(A)							

注意事项:

①短路实验以电流为准,看着电流表调节励磁电源回路电阻,在额定电流附近多测几点,且额定点必测。

②短路试验是破坏性实验,时间要短,电压、电流同时读取,各同学合理分工。

③实验时同步发电机转速1500r/min恒定不变。

6. 纯电感负载特性

操作步骤：

(1)调节同步发电机 GS 的 R_{f2} 至最大值，调节可变电抗器使其阻抗达到最大。同时拔掉 GS 输出三端点的短接线。

(2)按他励直流电动机的起动步骤（电枢串联起动电阻 R_{st} 放在最大位置，先接通励磁电源，后接通电枢电源）起动直流电机(MG)，调节 MG 的转速达 1500r/min 且保持恒定。合上开关 S_2 同步电机 GS 带纯电感负载运行。

(3)调节 R_{f2} 和可变电抗器使同步发电机端电压接近于 1.1 倍额定电压且电流为额定电流，读取端电压值和励磁电流值。

(4)每次调节励磁电流使电机端电压减小且调节可变电抗器使定子电流值保持恒定为额定电流。读取端电压和相应的励磁电流。

(5)取几组数据并记录于表 6-5 中。

表 6-5 $n=n_N=1500\text{r/min}$ $I=I_N=$____ A

U(V)							
I_f(A)							

注意事项：

①纯电感负载特性实验以电压为准，看着电流表调节负载（电抗器），在额定电压附近多测几点，且额定点必测。

② 纯电感负载特性实验，三相负载电抗接 Y 连接，三相电流同时调节，各同学合理分工。

③实验过程中同步发电机转速 1500r/min 保持恒定不变。

7. 测同步发电机在纯电阻负载时的外特性

操作步骤：

(1)把三相可变电阻器 R_L 接成三相 Y 接法，每相用 D42 组件上的 900Ω 与 900Ω 串联，调节其阻值为最大值。

(2)按他励直流电动机的启动步骤起动 MG，调节电机转速达同步发电机额定转速 1500r/min，而且保持转速恒定。

(3)断开开关 S_2，合上 S_1 电机 GS 带三相纯电阻负载运行。

(4)接通同步发电机(24V)励磁电源，调节 R_{f2} 和负载电阻 R_L 使同步发电机的端电压达额定值 220 伏且负载电流亦达额定值。

(5)保持这时的同步发电机励磁电流 I_f 恒定不变，调节负载电阻 R_L，测同步发电机端电压和相应的平衡负载电流，直至负载电流减小到零（断开负载），测出整条外特性，共读取数据 5～6 组并记录于表 6-6 中。

表 6-6 $n=n_N=1500\text{r/min}$ $I_f=$____ A $\cos\varphi=1$

U(V)							
I(A)							

注意事项:

①空载实验时同步发电机转速 1500r/min 恒定不变。

②实验时以电流为准,看着电流表调节负载电阻,合理分配数据采集点,在额定电压附近数据应当密集一些,且额定点必读。

8. 测同步发电机在负载功率因数为 0.8 时的外特性

(1)在图 6-1 中接入功率因数表,调节可变负载电阻使阻值达最大,调节可变电抗器使电抗值达最大值。

(2)调节 R_{f2} 至最大值,启动直流电机并调节电机转速至同步发电机额定转速 1500r/min,且保持转速恒定。台上开关 S_1,S_2,把 R_1 和 X_1 并联使用作电机 GS 的负载。

(3)接通 24V 励磁电源调节 R_{f2}、负载电阻 R_L 及可变电抗器 X_L,使同步发电机的端电压达额定值 220 伏,负载电流达额定电流及功率因数为 0.8。

(4)保持这时的同步发电机励磁电流 I_f 恒定不变,调节负载电阻 R_L。和可变电抗器 X_L 使负载电流改变而功率因数保持不变为 0.8,测同步发电机端电压和相应的平衡负载电流,测出整条外特性。

(5)共取数据 5-6 组并记录表 6-7 中。

表 6-7 $n=n_N=1500$r/min $I_f=$____A $\cos\varphi=0.8$

U(V)							
I(A)							

9. 测同步发电机在纯电阻负载时的调整特性

(1) 发电机接入三相电阻负载 R_L,调节 R_L 使阻值达最大,电机转速仍为额定转速 1500r/min 且保持恒定。

(2) 调节 R_{f2} 使发电机端电压:达额定值 220 伏且保持恒定。

(3) 调节 R_L 阻值,以改变负载 r 电流,读取为了保持电压恒定的相应励磁电流 I_f 测出整条调整特性。

(4)共取数据 4-5 组记录于表 6-8 中。

表 6-8 $U=U_N=220$V $n=n_N=1500$r/min

I(A)							
I_f(A)							

6.1.5 实验报告

1. 根据实验数据绘出同步发电机的空载特性曲线。
2. 根据实验数据绘出同步发电机短路特性曲线。
3. 根据实验数据绘出同步发电机的纯电感负曲线载特性曲线。
4. 根据实验数据绘出同步发电机的外特性曲线。
5. 根据实验数据绘出同步发电机的调整特性曲线。

6. 由空载特性和短路特性求取电机定子漏抗 X_σ 和特性三角形。

7. 由零功率因数特性和空载特性确定电机定子保梯电抗。

8. 利用空载特性和短路特性确定同步电机的直轴同步电抗 X_ρ(不饱和值)。

9. 利用空载特性和纯电感负载特性确定同步电机的直轴同步电抗 X_d(饱和值)。

10. 求短路比。

11. 由外特性试验数据求取电压调整率 $\Delta U\%$。

6.1.6 思考题

1. 定子漏抗 X_σ 和保梯电抗 X_ρ 它们各代表什么参数？它们的差别是怎样产生的？

2. 由空载特性和特性三角形用作图法求得的零功率因数的负载特性和实测特性是否有差别？造成这差别的因素是什么？

6.2 三相同步发电机的并联运行

6.2.1 实验目的

1. 掌握三相同步发电机投入电网并联运行的条件与操作方法。

2. 掌握三相同步发电机并联运行时有功功率与无功功率的调节。

6.2.2 预习要点

1. 三相同步发电机投入电网并联运行有那些条件？不满足这些条件将产生什么后果？如何满足这些条件？

2. 三相同步发电机投入电网并联运行时怎样调节有功功率和无功功率？调节过程又是怎样的？

6.2.3 实验项目

1. 用准确同步法将三相同步发电机投入电网并联运行。

2. 用自同步法将三相同步发电机投入电网并联运行。

3. 三相同步发电机与电网并联运行时有功功率的调节。

4. 三相同步发电机与电网并联运行时无功功率调节。

(1) 测取当输出功率等于零时三相同步发电机的 V 形曲线。

(2) 测取当输出功率等于 0.5 倍额定功率时三相同步发电机的 V 形曲线。

6.2.4 实验方法

1. 实验设备(见表 6-9)

表 6-9

序号	型号	名称	数量
1	DD03	导轨、测功机及转速显示	1件
2	DJ23	直流电动机	1件
3	DJ18	三相同步电机	1件
4	D32	交流电流表	1件
5	D33	交流电压表	1件
6	D34-3	单三相智能功率、功率因数表	1件
7	D31	直流电压、毫安、安培表	1件
8	D41	三相可调电阻器	1件
9	D44	可调电阻器、电容器	1件
10	D52	旋转灯、并网开关、同步机励磁电源	1件

2. 屏上挂件排列顺序

D55-4,D44,D52,D53,D33,D32,D34-3,D31,D41

3. 用准同步法将三相同步发电机投入电网并联运行

注意事项:

三相同步发电机与电网并联运行必须满足下列条件:

①发电机的频率和电网频率要相同,即 $f_{\mathrm{II}}=f_{\mathrm{I}}$。

②发电机和电网电压大小、相位要相同,即 $\dot{E}_{0\mathrm{II}}=\dot{U}_{\mathrm{I}}$。

③发电机和电网的相序要相同。为了检查这些条件是否满足,可用电压表检查电压,用灯光旋转法或整步表法检查相序和频率。

4. 旋转灯光法

(1)按图 6-4 接线,三相同步发电机 GS 选用 DJ18,GS 的原动机采用 DJ23 直流电动机 MG。R_{st}选用 D44 上 180Ω 电阻,R_{f1}选用 D44 上 1800Ω 阻值,R_{f2}选用 D41 上 90Ω 与 90Ω 串联加上 90Ω 与 90Ω 并联共 225Ω 阻值,R 选用 D41 上 90Ω 固定电阻。开关 S_1 选用 D52 挂箱,S_2 选用 D53 挂箱,并把开关 S_1 打在"断开"位置,开关 S_2 合向固定电阻端(图 6-4 左端)。

(2) 三相调压器旋钮退至零位,在电枢电源及励磁电源开关都在"断开"位置的条件下,合上电源总开关,按下"开"按钮,调节调压器使电压升至额定电压 220 伏,可通过 V_1 表观测。

(3) 按他励电动机的启动步骤(直流电动机 MG 电枢串联电阻 $R_{st}=180\Omega$ 至最大,励磁调节电阻 $R_{f1}=1800\Omega$ 调至最小,先接通控制屏上的励磁电源,后接通控制屏上的电枢电源),启动 MG 并使 MG 电机转速达额定转速 1500r/min。将开关 S_2 合到同步发电机的 24V 励磁电源端(图 6-4 所示右端),调节 R_{f2} 以改变 GS 的励磁电流 I_f,使同步发电机发出额定电压 220 伏,可通过 V_2 表观测。

(4) 观察三组相灯,若依次明灭形成旋转灯光,则表示发电机和电网相序相同,若三组相灯同时发亮、同时熄灭则表示发电机和电网相序不同。当发电机和电网相序不同则应停机(先将 R_{st} 回到最大位置,断开控制屏上的电枢电源开关,再按下交流电源的"停"按钮),并把三相调压器旋至零位。在确保断电的情况下,调换发电机或三相电源任意二根端线以改变相序后,按前述方法重新启动直流电动机 MG。

(5) 当发电机和电网相序相同时,调节同步发电机励磁使同步发电机电压和电网(电源)电压相同。再进一步细调原动机转速,使各相灯光缓慢地轮流旋转发亮,观察 D52 相灯缓慢旋转。待 A 相灯熄灭时合上并网开关 S_1,把同步发电机投入电网并联运行(为选准并网时机,可让其循环几次再并网)。

(6) 停机时应按下 D52 上红色按钮,即断开电网开关 S_1,将 R_{st} 调至最大,断开电枢电源,再断开励磁电源,把三相调压器旋至零位。

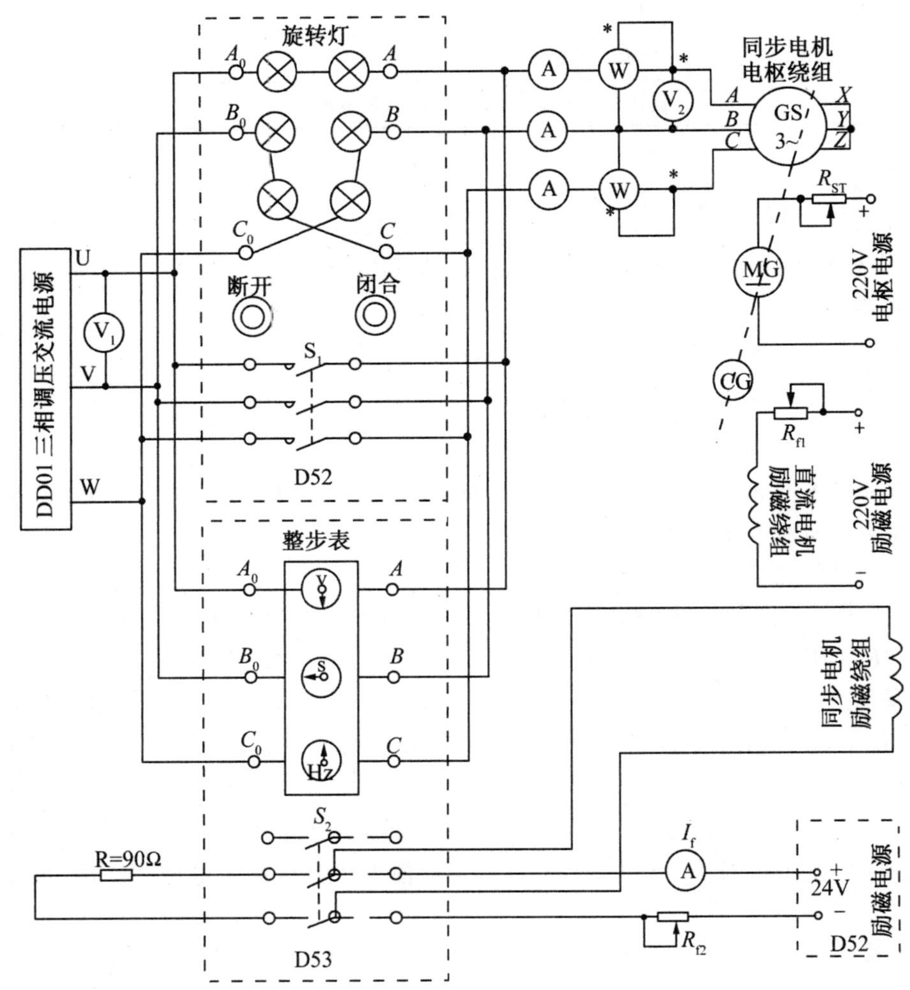

图 6-4　三相同步发电机的并联运行接线图

5. 用自同步法将三相同步发电机投入电网并联运行。

(1)在并网开关 S_1 断开且相序相同的条件下,把开关 S_2 闭合到励磁端(图 6-4 右端),D53 整步表上琴键开关打在"断开"位置。

(2)按他励电动机的启动步骤启动 MG,并使 MG 升速到接近同步转速 1500r/min。

(3)调节同步电机励磁电源调压旋钮或 R_{f2},以调节 I_f 使发电机电压约等于电网电压 220 伏。

(4)将开关 S_2 闭合到 R 端。R 用 90Ω 固定阻值(约为三相同步发电机励磁绕组电阻的 10 倍)。

(5)合上并网开关 S_1,再把开关 S_2 闭合到励磁端,这时电机利用“自整步作用”使它迅速被牵入同步,再接通 D53 上整步表开关。

6. 三相同步发电机与电网并联运行时有功功率的调节

(1)按上述 1,2 任意一种方法把同步发电机投入电网并联运行。

(2)并网以后,调节直流电动机 MG 的励磁电阻 R_{f1} 和发电机的励磁电流 I_f,使同步发电机定子电流接近于零,这时相应的同步发电机励磁电流 $I_f = I_{f0}$。

(3)保持这一励磁电流不变,调节直流电机的励磁调节电阻 R_{f1},使其阻值增加,这时同步发电机输出功率 P_2 增大。

(4)在同步机定子电流接近于零到额定电流的范围内读取三相电流、三相功率、功率因数共取数据 6~7 组记录于表 6-10 中。

表 6-10　　$U=$____ V(Y);　$I_f = I_{f0} =$____ A

序号	输出电流 I(A)				输出功率 P_2(W)			功率因数
	I_A	I_B	I_C	I	P_{I}	P_{II}	$P2$	$\cos\varphi$

表中:$I=(I_A+I_B+I_C)/3$;$P_2=P_{\mathrm{I}}+P_{\mathrm{II}}$;$\cos\varphi=P_2/\sqrt{3}UI$

7. 三相同步发电机与电网并联运行时无功功率的调节

(1)测取当输出功率等于零时三相同步发电机的 V 形曲线。

①按上述 1,2 任意一种方法把同步发电机投入电网并联运行。

②保持同步发电机的输出功率 $P_2 \approx 0$。

③先调节 R_{f2} 使同步发电机励磁电流 I_f 上升(调节应先调节 90Ω 串联 90Ω 部分,调至零位后用导线短接,再调节调节 90Ω 并联 90Ω 部分),使同步发电机定子电流上升到额定电流,并调节 R_{st} 保持 $P_2 \approx 0$,记录此点同步发电机励磁电流 I_f、定子电流 I。

④减小同步电机励磁电流 I_f 使定子电流减小到最小值记录此点数据。

⑤继续减小同步电机励磁电流,这时定子电流又将增大直至额定电流。

⑥在过励和欠励情况下读取数据 9～10 组记录于表 6-11 中。

表 6-11 $n=$____ r/min； $U=$____ V　$P_2\approx 0$W

序号	三相电流 I(A)				励磁电流 I_f(A)	功率因数
	I_A	I_B	I_C	I	I_f	$\cos\varphi$

表中：$I=(I_A+I_B+I_C)/3$

(2)测取当输出功率等于 0.5 倍额定功率时三相同步发电机的 V 形曲线。

①按上述 1,2 任意一种方法把同步发电机投入电网并联运行。

②保持同步发电机的输出功率 P_2 等于 0.5 倍额定功率。

③增加同步发电机励磁电流，使同步发电机定子电流上升到额定电流，记录此点同步发电机励磁电流 I_f 和定子电流 I。

④减小同步电机励磁电流 I_f 使定子电流 I 减小到最小值记录此点数据。

⑤继续减小同步电机励磁电流，这时定子电流又将增大至额定电流。

⑥在过励和欠励情况下共取数据 9～10 组并记录于表 6-12 中。

表 6-12 $n=$____ r/min； $U=$____ V； $P_2\approx 0.5P_N$

序号	三相电流 I(A)				励磁电流 I_f(A)	功率因数
	I_A	I_B	I_C	I	I_f	$\cos\varphi$

表中 $I=(I_A+I_B+I_C)/3$

6.2.5 实验报告

1. 评述准确同步法和自同步法的优缺点。
2. 试述并联运行条件不满足时并网将引起什么后果?
3. 试述三相同步发电机和电网并联运行时有功功率和无功功率的调节方法。
4. 画出 $P_2\approx0$ 和 $P_2\approx0.5$ 倍额定功率时同步发电机的V形曲线,并加以说明。

6.2.6 思考题

1. 自同步法将三相同步发电机投入电网并联运行时先把同步发电机的励磁绕组串入10倍励磁绕组电阻值的附加电阻 R 组成回路的作用是什么?

2. 自同步法将三相同步发电机投入电网并联运行时先由原动机把同步发电机带动旋转到接近同步转速(1485～1515r/min之间)然后并入电网,若转速太低并网将产生什么情况?

6.3 三相同步电动机

6.3.1 实验目的

1. 掌握三相同步电动机的异步启动方法。
2. 测取三相同步电动机的V形曲线。
3. 测取三相同步电动机的工作特性。

6.3.2 预习要点

1. 三相同步电动机异步启动的原理及操作步骤。
2. 三相同步电动机的V形曲线是怎样的?怎样作为无功发电机(调相机)使用?
3. 三相同步电动机的工作特性怎样?怎样测取?

6.3.3 实验项目

1. 三相同步电动机的异步启动。
2. 测取三相同步电动机输出功率 $P_2\approx0$ 时的V形曲线。
3. 测取三相同步电动机输出功率 $P=0.5$ 倍额定功率时的V形曲线。
4. 测取三相同步电动机的工作特性。

6.3.4 实验方法

1. 实验设备(见表6-13)

表 6-13

序号	型号	名称	数量
1	DD03	导轨、测功机及转速显示	1件
2	D55-4	测功机控制箱	1件
3	DJ18	三相凸极式同步电机	1件
4	D32	交流电流表	1件
5	D33	交流电压表	1件
6	D34-3	单三相智能功率、功率因数表	1件
7	D31	直流电压、毫安、安培表	1件
8	D41	三相可调电阻器	1件
9	D42	三相可调电阻器	1件
10	D52	旋转灯、并网开关、同步机励磁电源	1件
11	D51	波形测试及开关板	1件

2. 屏上挂件排列顺序

D55-4,D31,D42,D33,D32,D34-3,D41,D52,D51

3. 三相同步电动机的异步启动

(1)按图 6-5 接线,其中 R 的阻值为同步电动机 MS 励磁绕组电阻的 10 倍(约 90Ω),选用 D41 上 90Ω 固定电阻,R_f 选用 D41 上 90Ω 串联 90Ω 加上 90Ω 并联 90Ω 共 225Ω 阻值,R_{f1} 选用 D42 上 900Ω 串联 900Ω 共 1800Ω 阻值并调至最小,R_2 选用 D42 上 900Ω 串联 900Ω 加上 900Ω 并联 900Ω 共 2250Ω 阻值并调至最大,MS 为 DJ18(Y 接法,额定电压 $U_N=220V$)。

(2)用导线把功率表电流线圈及交流电流表短接,开关 S 闭合于励磁电源一侧(图 6-5 中为上端)。

(3)将控制屏左侧调压器旋钮向逆时针方向旋转至零位。接通电源总开关,并按下"开"按钮。调节 D52 同步电机励磁电源调压旋钮及 R_f 阻值,使同步电机励磁电流 I_f 约 0.7A。

(4)把开关 S 闭合于 R 电阻一侧(图 6-5 中为下端),向顺时针方向调节调压器旋钮,使升压至同步电动机额定电压 220 伏,观察电机旋转方向,若不符合则应调整相序使电机旋转方向符合要求。

(5)当转速接近同步转速 1500r/min 时,把开关 S 迅速从下端切换到上端让同步电动机励磁绕组加直流励磁而强制拉入同步运行,异步启动同步电动机的整个启动过程完毕。

(6)把功率表、交流电流表短接线拆掉,使仪表正常工作。

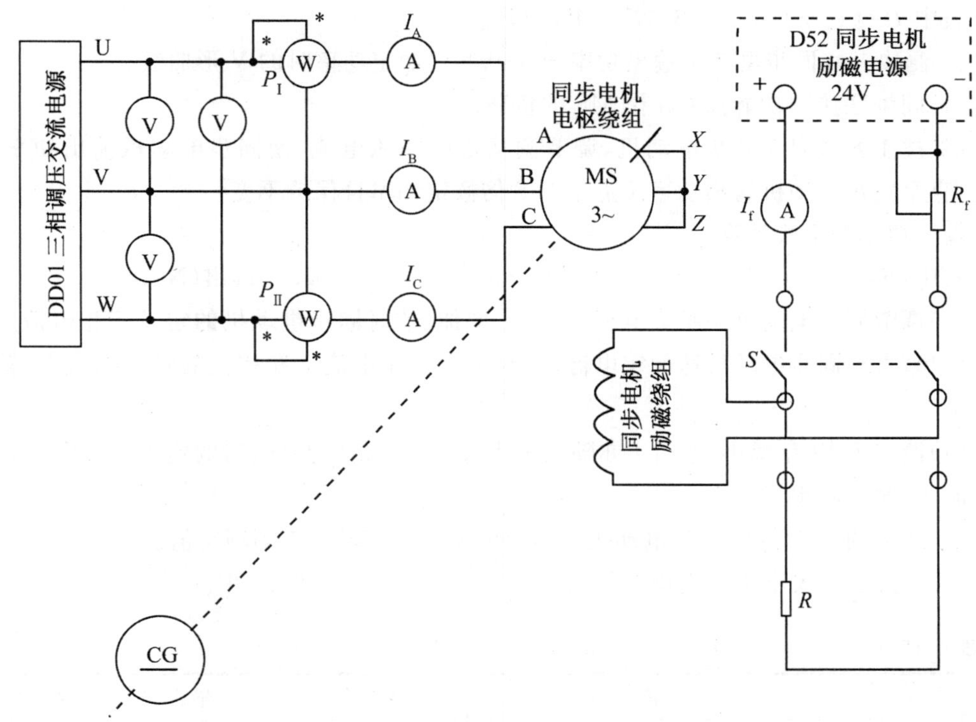

图 6-5　三相同步电动机实验接线图

4. 测取三相同步电动机输出功率 $P_2\approx0$ 时的 V 形曲线

(1)同步电动机空载,按上述方法启动同步电动机。

(2)调节同步电动机的励磁电流 I_f 并使 I_f 增加,这时同步电动机的定子三相电流 I 亦随之增加直至达额定值,记录定子三相电流 I 和相应的励磁电流 I_f、输入功率 P_1。

(3)调节 I_f 使 I_f 逐渐减小,这时 I 亦随之减小直至最小值,记录这时 MS 的定子三相电流 I、励磁电流 I_f 及输入功率 P_1。

(4)继续减小同步电动机的磁励电流 I_f 直到同步电动机的定子三相电流反而增大达额定值。

(5)在这过励和欠励范围内读取数据 9～11 组,并记录于表 6-14 中。

表 6-14　　$n=$____ r/min;　U ____ V;　$P_2\approx0$

序号	定子三相电流 I(A)				励磁电流 I_f(A)		输入功率 P_1(W)	
	I_A	I_B	I_C	I	I_f	P_{I}	P_{II}	P_1

表中 $I=(I_A+I_B+I_C)/3 \quad P_1=P_{\rm I}+P_{\rm II}$

5. 测取三相同步电动机输出功率 $P_2 \approx 0.5$ 倍额定功率时的V形曲线。

(1)同轴联接测功能机CG作MS的负载。

(2)按1方法启动同步电动机,调节测功机的励磁电流,使同步电动机输出功率 P_2 改变,直至同步电动机输出功率接近于0.5倍额定功率且保持不变。

输出功率按下式计算:

式中:$P_2=0.105nT_2$,n—电机转速(r/min);,T_2—由D55-4读出(Nm)。

(3)调节同步电动机的励磁电流 I_f 使 I_f 增加,这时同步电动机的定子三相电流 I 亦随之增加,直到同步电动机达额定电流,记录定子三相电流 I 和相应的励磁电流 I_f、输入功率 P_1。

(4)调节 I_f 使 I_f 减小,这时 I 亦随之减小直至最小值,记录这时的定子三相电流 I、励磁电流 I_f、输入功率 P_1。

(5)继续调小 I_f 这时同步电动机的定子电流 I 反而增大直到额定值。

(6)在过励和欠励范围内读取数据9~11组并记录于表6-15中。

表6-15 $n=$____ r/min; $U=$____ V; $P_2 \approx 0.5P_N$

序号	定子三相电流 I(A)				励磁电流 I_f(A)	输入功率 P_1(W)		
	I_A	I_B	I_C	I	I_f	$P_{\rm I}$	$P_{\rm II}$	P_1

表中:$I=(I_A+I_B+I_C)/3 \quad P_1=P_{\rm I}+P_{\rm II}$

4. 测取三相同步电动机的工作特性

(1)按1方法启动同步电动机。

(2)调节测功机控制箱D55-4给定调节。

(3)调节测功机,同时调节同步电动机的励磁电流 I_f 使同步电动机输出功率 P_2 达额定值及功率因数为1。

(4)保持此时同步电动机的励磁电流 I_f 恒定不变,调节测功机的给定调节,使同步电动机输出功率逐渐减小直至为零,读取定子电流 I、输出功率 P_1、输出转矩 T_2、转速 n。

共取数据6～7组并记录于表6-16中。

表6-16　　$U=U_N=$____ V　$I_f=$____ A;　$n=$____ r/min

同步电动机输入								同步电动机输出		
I_A(A)	I_B(A)	I_C(A)	I(A)	P_{I}(W)	P_{II}(W)	P_1(W)	$\cos\varphi$	T_2(N·m)	P_2(W)	η(%)

表中$I=(I_A+I_B+I_C)/3$

$$P_1=P_{\mathrm{I}}+P_{\mathrm{II}}$$

$$P_2=0.105nT_2$$

$$\eta=\frac{P_2}{P_1}\times 100\%$$

6.3.5　实验报告

1. 作$P_2\approx 0$时同步电动机V形曲线$I=f(I_f)$,并说明定子电流的性质。

2. 作$P_2\approx 0.5$倍额定功率时同步电动机的V形曲线$I=f(I_f)$并说明定子电流的性质。

3. 作同步电动机的工作特性曲线:$I,P,\cos\varphi,T_2,\eta=f(P_2)$

6.3.6　思考题

1. 同步电动机异步启动时先把同步电动机的励磁绕组经一可调电阻R构成回路,这可调电阻的阻值调节在同步电动机的励磁绕组电阻值的10倍,这电阻在启动过程中的作用是什么?若这电阻为零时又将怎样?

2. 在保持恒功率输出测取V形曲线时输入功率将有什么变化?为什么?

3. 对这台同步电动机的工作特性作一评价。

6.4 三相同步电机参数的测定

6.4.1 实验目的

掌握三相同步发电机参数的测定方法，并进行分析比较加深理论学习。

6.4.2 预习要点

1. 同步发电机参数 X_d，X_q，X_d'，X_q'，X_d''，X_q''，X_0，X_2 各代表什么物理意义？对应什么磁路和耦合关系？
2. 这些参数的测量有哪些方法？并进行分析比较。
3. 怎样判别同步电机定子旋转磁场与转子的旋转方向是同方向还是反方向？

6.4.3 实验项目

1. 用转差法测定同步发电机的同步电抗 X_d，X_q。
2. 用反同步旋转法测定同步发电机的负序电抗 X_2 及负序电阻 r_2。
3. 用单相电源测同步发电机的零序电抗 X_0。
4. 用静止法测超瞬变电抗 X_d''，X_q''或瞬变电抗 X_d'，X_q'。

6.4.4 实验方法

1. 实验设备(见表 6-17)

表 6-17

序号	型号	名称	数量
1	DD03	导轨、测速发电机及转速表	1 件
2	DJ23	直流电动机	1 件
3	DJ18	三相同步电机	1 件
4	D41	三相可调电阻器	1 件
5	D44	可调电阻器、电容器	1 件
6	D32	交流电流表	1 件
7	D33	交流电压表	1 件
8	D34-3	单三相智能功率、功率因数表	1 件
9	D51	波形测试及开关板	1 件

2. 屏上挂件排列顺序

D44，D33，D32，D34-3，D51，D41

3. 用转差法测定同步发电机的同步电抗 X_d，X_q

(1)按图 6-6 接线，同步发电机 GS 定子绕组用 Y 形接法，直流电动机 MG 按他励电动机方式接线，用作 GS 的原动机。R_f 选用 D44 上 1800Ω 电阻，并调至最小，R_{st}选用 D44 上 180Ω 电阻，并调至最大，R 选用 D41 上 90Ω 固定电阻，开关 S 合向 R 端。

(2)把控制屏左侧调压器旋钮退到零位，功率表电流线圈短接。检查控制屏下方两边的电枢电源开关及励磁电源开关都须在“关”的位置。

(3)接通控制屏上的电源总开关，按下“开”按钮，先接通励磁电源，后接通电枢电源，启动直流电动机 MG，观察电动机转向。

(4)断开电枢电源和励磁电源，使直流电机 MG 停机。再调节调压器旋钮，给三相同步电机加一电压，使其作同步电动机启动，观察同步电机转向。

(5)若此时同步电机转向与直流电机转向一致。则说明同步机定子旋转磁场与转子转向一致，若不一致，将三相电源任意两相换接，使定子旋转磁场转向改变。

(6)调节调压器给同步发电机加 5%～15%的额定电压(电压数值不宜过高，以免磁阻转矩将电机牵入同步，同时也不能太低，以免剩磁引起较大误差)。

(7)调节直流电机 MG 转速，使之升速到接近 GS 的额定转速 1500r/min，直至同步发电机电枢电流表指针缓慢摆动(电流表量程选用 0.25A 挡)，在同一瞬间读取电枢电流周期性摆动的最小值与相应电压最大值，以及电流周期性摆动最大值和相应电压最小值。

(8)测此两组数据记录于表 6-18 中。

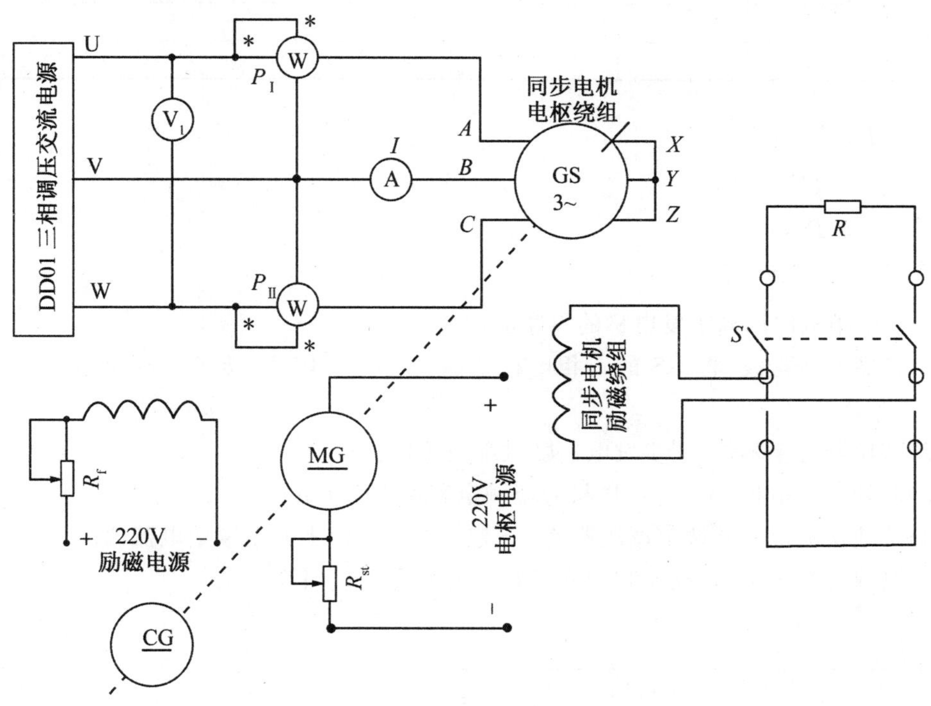

图 6-6　用转差法测同步发电机的同步电抗接线图

表 6-18

序号	I_{max}(A)	U_{min}(V)	X_q(Ω)	I_{min}(A)	U_{max}(V)	X_d(Ω)

计算：$X_q = U_{max}/(\sqrt{3}I_{max})$

$X_d = U_{max}/(\sqrt{3}I_{min})$

4. 用反同步旋转法测定同步发电机的负序电抗 X_2 及负序电阻 r_2

(1)将同步发电机电枢绕组任意两相对换，以改换相序使同步发电机的定子旋转磁场和转子转向相反。

(2)开关 S 闭合在短接端(图示下端)，调压器旋钮退至零位，功率表处于正常测量状态(拆掉电流线圈的短接线)。

(3)按前述方法启动直流电机 MG，并使电机升至额定转速 1500r/min。

(4)顺时针缓慢调节调压器旋钮，使三相交流电源逐渐升压直至同步发电机电枢电流达 30%～40%额定电流。

(5)读取电枢绕组电压、电流和功率值并记录于表 6-19 中。

表 6-19

序号	I(A)	U(V)	P_{I}(W)	P_{II}(W)	P(W)	r_2(Ω)	X_2(Ω)

表中：$P = P_{\text{I}} + P_{\text{II}}$

计算：$Z_2 = U/(\sqrt{3}I)$

$r_2 = P/(3I^2)$

$X_2 = \sqrt{Z_2^2 - r_2^2}$

5. 用单相电源测同步发电机的零序电抗 X_0

(1)按图 6-7 接线，将 GS 的三相电枢绕组首尾依次串联，接至单相交流电源 U，N 端上。

(2)调压器退至零位，同步发电机励磁绕组短接。

(3)起动直流电机 MG 并使电机升至额定转速 1500r/min。

(4)接通交流电源并调节调压器使 GS 定子绕组电流上升至额定电流值。

(5)测取此时的电压、电流和功率值并记录于表 6-20 中。

表 6-20

序号	U(V)	I(A)	P(W)	X_0(Ω)

$Z_0 = U/(3I)$

$r_0 = P/(3I^2)$

$X_0 = \sqrt{Z_0^2 - r_0^2}$

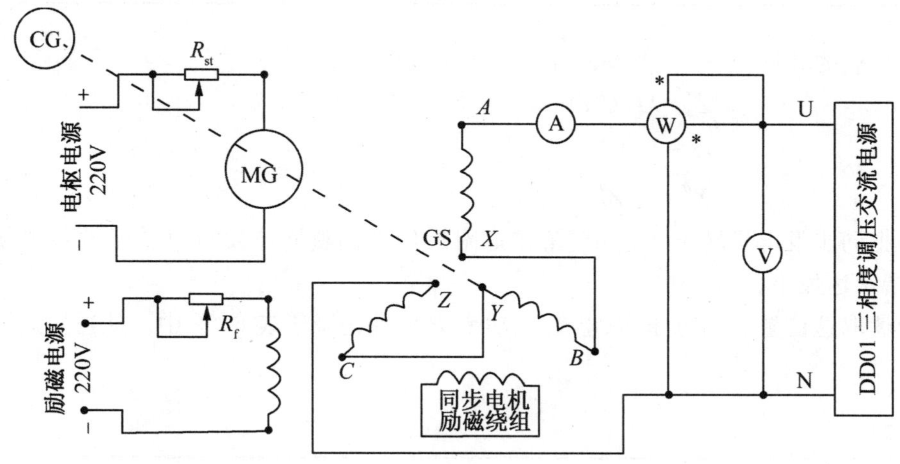

图 6-7　用单相电源测同步发电机的零序电抗

6. 用静止法测超瞬变电抗 X''_d，X''_q 或瞬变电抗 X'_d，X'_q

(1)按图 6-8 接线，将 GS 三相电枢绕组联接成星形，任取二相端点接至单相交流电源 U，N 端上，两只电流表均用 D32 挂件。

(2)调压器退到零位，发电机处于静止状态。

(3)接通交流电源并调节调压器逐渐升高输出电压，使同步发电机定子绕组电流接近 $20\% I_N$。

(4)用手慢慢转动同步发电机转子，观察两只电流表读数的变化，仔细调整同步发电机转子的位置使两只电流表读数达最大。

(5)读取这位置时的电压、电流、功率值并记录于表 6-21 中。从这数据可测定 X''_d。

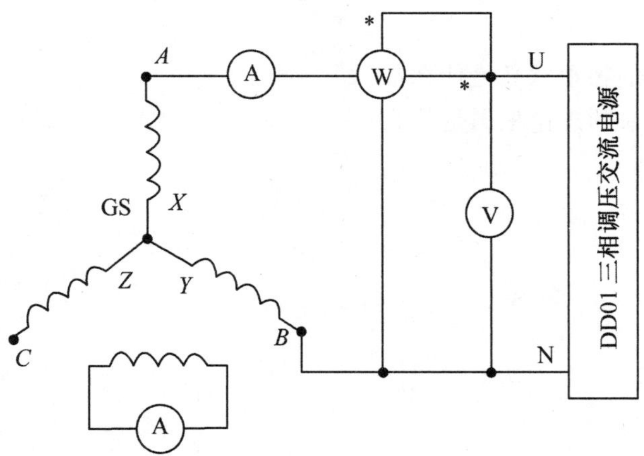

图 6-8　用静止法测超舜变电抗

表 6-21

序号	U(V)	I(A)	P(W)	X''_d(Ω)

表中 X''_d的计算：

$$Z''_d=U/(2I)$$
$$r''_d=P/(2I^2)$$
$$X''_d=\sqrt{Z''^2_d-r''^2_d}$$

(6)把同步发电机转子转过 45°角在这附近仔细调整同步发电机转子的位置使二只电流表指示达最小。

(7)读取这位置时的电压U、电流I、功率P值并记录于表 6-22 中。从这数据可测定X''_q。

表 6-22

序号	U(V)	I(A)	P(W)	X''_q(Ω)

表中 X''_q的计算：

$$Z''_q=U/(2I)$$
$$r''_q=P/(2I^2)$$
$$X''_q=\sqrt{Z''^2_q-r''^2_q}$$

6.4.5 实验报告

根据试验数据计算：X_d，X_q，X_2，r_2，X_0，X''_d，X''_q。

6.4.6 思考题

1. 各电抗参数的物理意义是什么？
2. 各项试验方法的理论根据是什么？

第7章　电机机械特性的测定

7.1　直流他励电动机在各种运转状态下的机械特性

7.1.1　实验目的

了解和测定他励直流电动机在各种运转状态的机械特性。

7.1.2　预习要点

1. 改变他励直流电动机机械特性有哪些方法?

2. 他励直流电动机在什么情况下,从电动机运行状态进入回馈制动状态? 他励直流电动机回馈制动时,能量传递关系,电动势平衡方程式及机械特性又是什么情况?

3. 他励直流电动机反接制动时,能量传递关系,电动势平衡方程式及机械特性。

7.1.3　实验项目

1. 电动及回馈制动状态下的机械特性。
2. 电动及反接制动状态下的机械特性。
3. 能耗制动状态下的机械特性。

7.1.4　实验方法

1. 实验设备(见表7-1)

表7-1

序号	型号	名称	数量
1	DD03	导轨、测速发电机及转速表	1件
2	DJ15	直流并励电动机	1件
3	DJ23	直流电动机	1件
4	D31	直流电压、毫安、安培表	2件

续表

5	D41	三相可调电阻器	1件
6	D42	三相可调电阻器	1件
7	D44	可调电阻器、电容器	1件
8	D51	波形测试及开关板	1件

2. 屏上挂件排列顺序

D55-4,D51,D31,D42,D41,D31,D44

按图7-1接线,图中M用编号为DJ15的直流并励电动机(接成他励方式),MG用编号为DJ23,直流电压表V_1,V_2的量程为1000V,直流电流表A_1,A_3的量程为200mA,A_2,A_3的量程为5A。R_1,R_2,R_3,及R_4依不同的实验而选不同的阻值。

3. $R_2=0$时电动及回馈制动状态下的机械特性

(1)R_1,R_2分别选用D44的1800Ω和180Ω阻值,R_3选用D42上4只900Ω串联共3600Ω阻值,R_4选用D42上1800Ω再加上D41上6只90Ω串联共2340Ω阻值。

(2)R_1阻值置最小位置,R_2、R_3及R_4阻值置最大位置,转速表置正向1800r/min量程。开关S_1,S_2选用D51挂箱上的对应开关,并将S_1合向1电源端,S_2合向2短接端(见图7-1)。

(3)开机时需检查控制屏下方左、右两边的“励磁电源”开关及“电枢电源”开关都须在断开的位置,然后按次序先开启控制屏上的“电源总开关”,再按下“开”按钮,随后接通“励磁电源”开关,最后检查R_2阻值确在最大位置时接通“电枢电源”开关,使他励直流电动机M启动运转。调节“电枢电源”电压为220V;调节R_2阻值至零位置,调节R_3阻值,使电流表A_3为100mA。

(4)调节电动机M的磁场调节电阻R_1阻值和电机MG的负载电阻R_4阻值(先调节D42上1800Ω阻值,调至最小后应用导线短接)。使电动机M的$n=n_N=1600$r/min,$I_N=I_f+I_a=1.2$A。此时他励直流电动机的励磁电流I_f为额定励磁电流I_{fN}。保持$U=U_N=220$V,$I_f=I_{fN}$,A_3表为100mA。增大R_4阻值,直至空载(拆掉开关S_2的2′上的短接线),测取电动机M在额定负载至空载范围的n,I_a共取8~9组数据记录于表7-2中。

(5)在确定S_2上短接线已拆掉的情况下,把R_4调至零值位置(其中D42上1800Ω阻值调至零值后用导线短接),再减小R_4阻值,使MG的空载电压与电枢电源电压值接近相等(在开关S_2两端测),并且极性相同,把开关S_2合向1′端。

(6)保持电枢电源电压$U=U_N=220$V,$I_f=I_{fN}$,调节R_3阻值,使阻值增加,电动机转速升高,当A_2表的电流值为0A时,此时电动机转速为理想空载转速(此时转速表量程应打向正向3600r/min挡),继续增加R_3阻值,使电动机进入第二象限回馈制动状态运行直至转速约为1900r/min,测取M的n,I_a,共取8~9组数据记录于表7-3中。

(7)停机(先关断“电枢电源”开关,再关断“励磁电源”开关,并将开关S_2合向到2′端)。

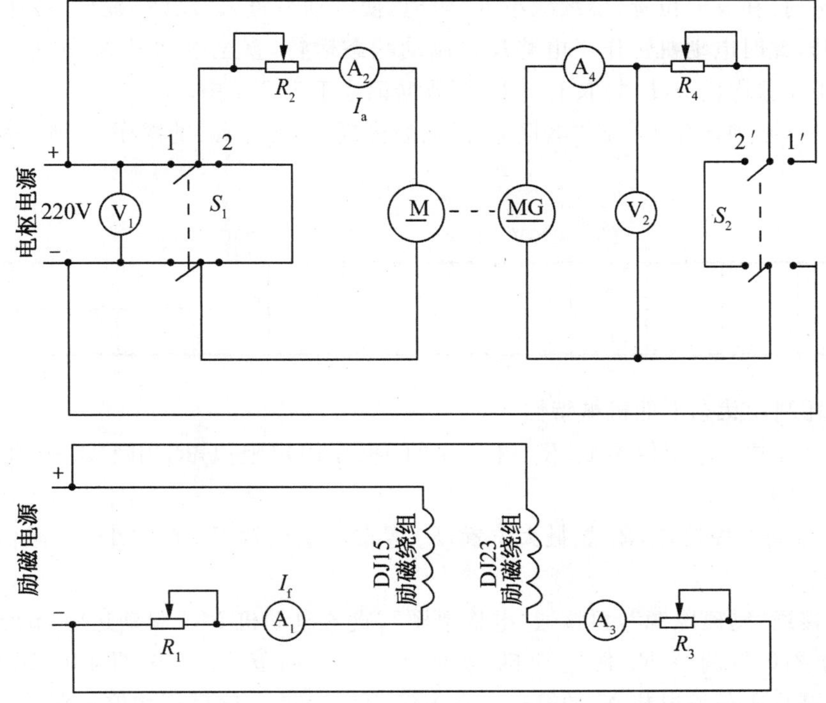

图 7-1　他励直流电动机机械特性测定的实验接线图

表 7-2　　$U_n=220V$　$I_{fN}=$____ mA

I_a(A)									
n(r/min)									

表 7-3　　$U_n=220V$　$I_{fN}=$____ mA

I_a(A)									
n(r/min)									

4. $R_2=400\Omega$ 时的电动运行及反接制动状态下的机械特性

(1)在确保断电条件下，改接图 7-1，R_1 阻值不变，R_2 用 D42 的 900Ω 与 900Ω 并联并用万用表调定在 400Ω，R_3 用 D44 的 180Ω 阻值，R_4 用 D42 上 1800Ω 阻值加上 D41 上 6 只 90Ω 电阻串联共 2340Ω 阻值。

(2)转速表 n 置正向 1800r/min 量程，S_1 合向 1 端，S_2 合向 2′端(短接线仍拆掉)，把电机 MG 电枢的二个插头对调，R_1，R_3 置最小值，R_2 置 400Ω 阻值，R_4 置最大值。

(3)先接通“励磁电源”，再接通“电枢电源”，使电动机 M 启动运转，在 S_2 两端测量测功机 MG 的空载电压是否和“电枢电源”的电压极性相反，若极性相反，检查 R_4 阻值确在最大位置时可把 S_2 合向 1′端。

(4)保持电动机的“电枢电源”电压 $U=U_N=220V$，$I_f=I_{fN}$ 不变，逐渐减小 R_4 阻值(先减小 D44 上 1800Ω 阻值，调至零值后用导线短接)，使电机减速直至为零。把转速表的正、反开关打在反向位置，继续减小 R_4 阻值，使电动机进入“反向”旋转，转速在反方向上逐渐上升，此时电动机工作于电势反接制动状态运行，直至电动机 M 的 $I_a=I_{aN}$，测取电动机在 1，4 象限的 n，I_a 共取 12～13 组数据记录于表 7-4 中。

(5)停机(必须记住先关断“电枢电源”而后关断“励磁电源”的次序，并随手将 S_2 合向到 2′端)。

表 7-4 $U_N=220V$　$I_{fN}=$____ mA　$R_2=400\Omega$

I_a(A)												
n(r/min)												

5. 能耗制动状态下的机械特性

(1)图 7-1 中，R_1 阻值不变，R_2 用 D44 的 180Ω 固定阻值，R_3 用 D42 的 1800Ω 可调电阻，R_4 阻值不变。

(2)S_1 合向 2 短接端，R_1 置最大位置，R_3 置最小值位置，R_4 调定 180Ω 阻值，S_2 合向 1’端。

(3)先接通“励磁电源”，再接通“电枢电源”，直流电动机 MG 起动运转，调节”电枢电源”电压为 220V，调节 R_1 使电动机 M 的 $I_f=I_{fN}$，调节 R_3 使电机 MG 励磁电流为 100mA，先减少阻值使电机 M 的能耗制动电流 $I_a=0.8I_{aN}$，然后逐次增加阻值，其间测取 M 的 I_a，n 共取 8-9 组数据记录于表 7-5 中。

(4)把 R_2 调定在 90Ω 阻值，重复上述实验操作步骤(2)、(3)，测取 M 的 I_a，n 共取 5～7 组数据记录于表 7-6 中。

当忽略不变损耗时，可近似认为电动机轴上的输出转矩等于电动机的电磁转矩 $T=C_M\Phi I_a$，他励电动机在磁通 Φ 不变的情况下，其机械特性可以由曲线 $n=f(I_a)$来描述。

表 7-5 $R_2=180\Omega$　$I_{fN}=$____ A

I_a(A)								
n(r/min)								

表 7-6 $R_2=90\Omega$　$I_{fN}=$____ mA

I_a(A)								
n(r/min)								

7.1.5 实验报告

根据实验数据，绘制他励直流电动机运行在第一、第二、第四象限的电动和制动状态及能耗制动状态下的机械特性 $n=f(I_a)$ (用同一坐标纸绘出)。

7.1.6 思考题

1. 回馈制动实验中，如何判别电动机运行在理想空载点?

2. 直流电动机从第一象限运行到第二象限转子旋转方向不变，试问电磁转矩的方向是否也不变？为什么？

3. 直流电动机从第一象限运行到第四象限，其转向反了，而电磁转矩方向不变，为什么？作为负载的MG，从第一象限到第四象限其电磁转矩方向是否改变？为什么？

7.2 三相异步电动机在各种运行状态下的机械特性

7.2.1 实验目的

了解三相线绕式异步电动机在各种运行状态下的机械特性。

7.2.2 预习要点

1. 如何利用现有设备测定三相线绕式异步电动机的机械特性。
2. 测定各种运行状态下的机械特性应注意哪些问题？
3. 如何根据所测出的数据计算被试电机在各种运行状态下的机械特性。

7.2.3 实验项目

1. 测定三相线绕式转子异步电动机在 $R_S=0$ 时，电动运行状态和再生发电制动状态下的机械特性。

2. 测定三相线绕转子异步电动机在 $R_S=36\Omega$ 时，测定电动状态与反接制动状态下的机械特性。

3. $R_S=36\Omega$，定子绕组加直流励磁电流 $I_1=0.6I_N$ 及 $I_1=I_N$ 时，分别测定能耗制动状态下的机械特性。

7.2.4 实验方法

1. 实验设备(见表7-7)

表 7-7

序号	型号	名称	数量
1	DD03	导轨、测速发电机及转速表	1件
2	DJ23	直流电动机	1件
3	DJ17	三相线绕式异步电动机	1件
4	D31	直流电压、毫安、安培表	2件
5	D32	交流电流表	1件
6	D33	交流电压表	1件
7	D34-3	单三相智能功率、功率因数表	1件
8	D41	三相可调电阻器	1件
9	D42	三相可调电阻器	1件
10	D44	可调电阻器、电容器	1件
11	D51	波形测试及开关板	1件

2. 屏上挂件排列顺序

D55-4，D33，D32，D34-3，D51，D31，D44，D42，D41，D31

3. $R_S=0$ 时的电动及再生发电制动状态下的机械特性。

(1)按图 7-2 接线，图中 M 用编号为 DJ17 的三相线绕式异步电动机，额定电压：220V，Y 接法。MG 用编号为 DJ23 的直流电动机。S_1，S_2，S_3 选用 D51 挂箱上的对应开关，并将 S_1 合向左边 1 端，S_2 合在左边短接端(即线绕式电机转子短路)，S_3 合在 2′位置。R_1 选用 D44 的 180Ω 阻值加上 D42 上四只 900Ω 串联再加两只 900Ω 并联共 4230Ω 阻值，R_2 选用 D44 上 1800Ω 阻值，R_S 选用 D41 上三组 45Ω 可调电阻(每组为 90Ω 与 90Ω 并联)，并用万用表调定在 36Ω 阻值，R_3 暂不接。直流电表 A_2，A_4 的量程为 5A，A_3 量程为 200mA，V_2 的量程为 1000V，交流电表 V_1 的量程为 150V，A_1 量程为 2.5A。转速表 n 置正向 1800r/min 量程。

(2)确定 S_1 合在左边 1 端，S_2 合在左边短接端，S_3 合在 2′位置，M 的定子绕组接成星形的情况下。把 R_1，R_2 阻值置最大位置，将控制屏左侧三相调压器旋钮向逆时针方向旋到底，即把输出电压调到零。

(3)检查控制屏下方“直流电机电源”的“励磁电源”开关及“电枢电源”开关都须在断开位置。接通三相调压“电源总开关”，按下“开”按钮，旋转调压器旋钮使三相交流电压慢慢升高，观察电机转向是否符合要求。若符合要求则升高到 $U=$ 110V，并在以后实验中保持不变。接通“励磁电源”，调节 R_2 阻值，使 A_3 表为 100mA 并保持不变。

(4)接通控制屏右下方的“电枢电源”开关，在开关 S_3 的 2′端测量电机 MG 的输出电压的极性，先使其极性与 S_3 开关 1′端的电枢电源相反。在 R_1 阻值为最大的条件下将 S_3 合向 1′位置。

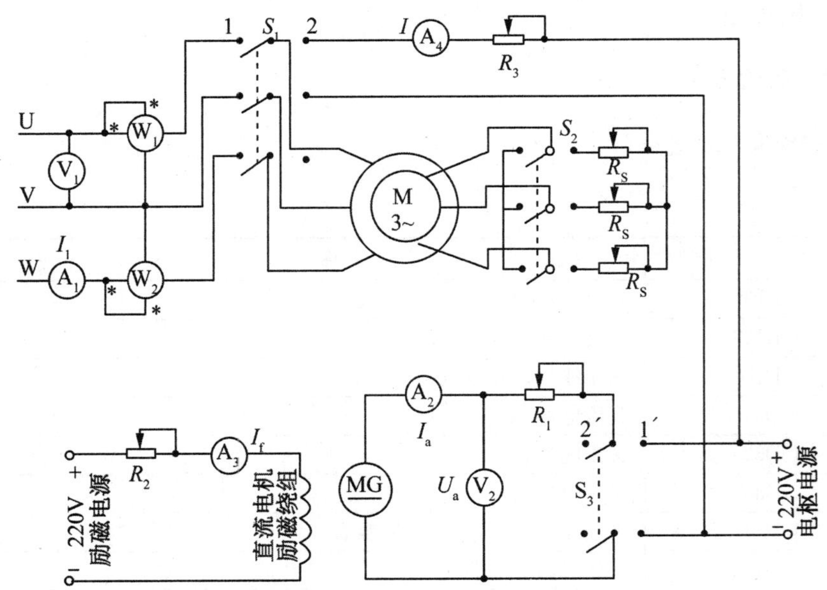

图 7-2　三相线绕转子异步电动机机械特性的接线图

(5)调节"电枢电源"输出电压或 R_1 阻值，使电动机从接近于堵转到接近于空载状态，其间测取电机 MG 的 U_a，I_a，n 及电动机 M 的交流电流表 A_1 的 I_1 值，共取 8 组数据录于表 7-8 中。

表 7-8　　$U=110V$　$R_S=0\Omega$　$I_f=$____ mA

U_a(V)									
I_a(A)									
n(r/min)									
I_1(A)									

(6)当电动机接近空载而转速不能调高时，将 S_3 合向 2′位置，调换 MG 电枢极性(在开关 S_3 的两端换)使其与"电枢电源"同极性。调节"电枢电源"电压值使其与 MG 电压值接近相等，将 S_3 合至 1′端。保持 M 端三相交流电压 $U=110V$，减小 R_1 阻值直至短路位置(注:D42 上 6 只 900Ω 阻值调至短路后应用导线短接)。升高"电枢电源"电压或增大 R_2 阻值(减小电机 MG 的励磁电流)使电动机 M 的转速超过同步转速 n_1 而进入回馈制动状态，在 1700r/min～n_1 范围内测取电机 MG 的 U_a，I_a，n 及电动机 M 的定子电流 I_1 值，共取 6～8 组数据记录于表 7-9 中。

表 7-9　　$U=110V$　$R_S=0\Omega$

U_a(V)									
I_a(A)									
n(r/min)									
I_1(A)									

4. $R_S=36\Omega$ 时的电动及反转性状态下的机械特性

(1)开关 S_2 合向右端 36Ω 端。开关 S_3 拨向 2′端，把 MG 电枢接到 S_3 上的两个接线端对调，以便使 MG 输出极性和"电枢电源"输出极性相反。把电阻 R_1，R_2 调至最大。

(2)保持电压 $U=110V$ 不变，调节 R_2 阻值，使 A_3 表为 100mA。调节"电枢电源"的输出电压为最小位置。在开关 S_3 的 2′端检查 MG 电压极性须与 1′的"电枢电源"极性相反。可先记录此时 MG 的 U_a，I_a 值，将 S_3 合向 1′端与"电枢电源"接通。测量此时电机 MG 的 U_a，I_a，n 及 A_1 表的 I_1 值，减小 R_1 阻值(先调 D42 上四个 900Ω 串联的电阻)或调高"电枢电源"输出电压使电动机 M 的 n 下降，直至 n 为零。把转速表置反向位置，并把 R_1 的 D42 上四个 900Ω 串联电阻调至零值位置后应用导线短接，继续减小 R_1 阻值或调高电枢电压使电机反向运转，直至 n 为 1300r/min 为止，在该范围内测取电机 MG 的 U_a，I_a 及 n 及 A_1 表的 I_1 值。共取 11～12 组记录于表 7-10 中。

(3)停机(先将 S_2 合至 2'端，关断"电枢电源"再关断"励磁电源"，调压器调至零位，按下"关"按钮)。

表 7-10　　$U=110\text{V}$　$R_S=36\Omega$　$I_f=$____ mA

U_a(V)												
I_a(A)												
n(r/min)												
I_1(A)												

5. 能耗制动状态下的机械特性

(1)确认在“停机”状态下。把开关 S_1 合向右边 2 端，S_2 合向右端（R_S 仍保持 36Ω 不变），S_3 合向左边 2′端，R_1 用 D44 上 180Ω 阻值并调至最大，R_2 用 D42 上 1800Ω 阻值并调至最大，R_3 用 D42 上 900Ω 与 900Ω 并联再加上 900Ω 与 900Ω 并联共 900Ω 阻值并调至最大。

(2)开启“励磁电源”，调节 R_2 阻值，使 A_3 表 $I_f=100\text{mA}$，开启“电枢电源”，调节电枢电源的输出电压 $U=220\text{V}$，再调节 R_3 使电动机 M 的定子绕 组流过 $I=0.6I_N=0.36\text{A}$ 并保持不变。

(3)在 R_1 阻值为最大的条件下，把开关 S_3 合向右边 1′端，减小 R_1 阻值，使电机 MG 起动运转后转速约为 1600r/min，增大 R_1 阻值或减小电枢电源电压（但要保持 A_4 表的电流 I 不变）使电机转速下降，直至转速 n 约为 50r/min，其间测取电机 MG 的 U_a，I_a 及 n 值，共取 10～11 组数据记录于表 7-11 中。

(4)停机。

(5)调节 R_3 阻值，使电机 M 的定子绕组流过的励磁电流 $I=I_N=0.6\text{A}$。重复上述操作步骤，测取电机 MG 的 U_a，I_a 及 n 值，共取 10～11 组数据记录于表 7-12 中。

表 7-11　　$I=0.36\text{A}$　$R_S=36\Omega$　$I_f=$____ mA

U_a(V)												
I_a(A)												
n(r/min)												

表 7-12　　$I=0.6\text{A}$　$R_S=36\Omega$　$I_f=$____ mA

U_a(V)												
I_a(A)												
n(r/min)												

6. 绘制电机 M-MG 机组的空载损耗曲线 $P_0=f(n)$。

(1)拆掉三相线绕式异步电动机 M 定子和转子绕组接线端得所有插头，R_1 用 D44 上 180Ω 阻值并调至最大，R_2 用 D44 上 1800Ω 阻值并调至最大。直流电流表 A_3 的量程为 200mA，A_2 的量程为 5A，V_2 的量程为 1000V，开关 S_3 合向右边的 1′端。

(2)开启“励磁电源”，调节 R_2 阻值，使 A_3 表 $I_f=100\text{mA}$，检查 R_1 阻值在最大位置时开启“电枢电源”，使电机 MG 起动运转，调高“电枢电源”，输出电压及减小 R_1 阻值，使电机转速约为 1700r/min，逐次减小“电枢电源”输出电压或增大 R_1 阻值，使电机转速下降直至 n=100r/min，在其间测量电机 MG 的 U_{a0}，I_{a0} 及 n 值，共取 10～12 组数据记录于表 7-13中。

表 7-13

U_{a0}(V)												
I_{a0}(A)												
n(r/min)												

7. 实验注意事项

调节串联的可调电阻时，要根据电流值的大小而相应选择调节不同电流值的电阻，防止个别电阻器过流而引起烧坏。

7.2.5 实验报告

1. 根据实验数据绘制各种运行状态下的机械特性。

计算公式：

$$T=\frac{9.55}{n}[P_0-(U_aI_a-I_a^2R_a)]$$

式中：T——被试异步电动机 M 的输出转矩(N · m)；

U_a——直流电动机的电枢端电压(V)；

I_a——直流电动机的电枢电流(A)；

R_a——直流电动机的电枢电阻(Ω)，可有实验室提供；

P_0——对应某转速 n 时的某空载损耗(W)。

注：上式计算的 T 值为电机在 U=110V 时的 T 值，实际的转矩值应折算为额定电压时的异步电动机转矩。

2. 绘制电机 M-MG 机组的空载损耗曲线 $P_0=f(n)$。

附录　电机学实验类别一览表

序号	实验名称	实验类型	备注
1	直流电机认识实验	**基本实验,必做**	
2	直流发电机	**基本实验,必做**	
3	直流并励电动机	**基本实验,必做**	
4	直流串励电动机	基本实验,选做	
5	单相变压器	**基本实验,必做**	
6	三相变压器	基本实验,选做	
7	三相变压器的联接组和不对称短路	**开发性试验,必做**	
8	单相变压器的并联运行	基本实验,选做	
9	三相变压器的并联运行	基本实验,选做	
10	三相鼠笼异步电动机的参数测定及工作特性	**基本实验,必做**	
11	三相异步电动机变频调速实验	**综合性试验,必做**	
12	线绕式异步电动机转子绕组串入可变电阻器调速	综合性试验,选做	
13	三相异步电动机的起动	综合性试验,选做	
14	单相电容运转异步电动机	开发性试验,选做	
15	三相异步电动机的温升实验	综合性试验,选做	
16	三相异步电动机杂散损耗的测定	开发性试验,选做	
17	三相异步发电机	开发性试验,选做	
18	三相同步发电机的运行特性	**基本实验,必做**	
19	三相同步发电机的并联运行	**综合性试验,必做**	
20	三相同步电动机	基本实验,选做	
21	三相同步电机参数的测定	开发性试验,选做	
22	直流他励电动机在各种运转状态下的机械特性	综合性试验,选做	
23	三相异步电动机在各种运行状态下的机械特性	综合性试验,选做	

参考文献

[1] 王秀和. 电机学. 北京:机械工业出版社,2009
[2] 郑治同. 电机实验指导书. 北京:机械工业出版社,1981
[3] 富强 徐利. 电机实验技术. 北京:中国电力出版社,2009
[4] 吕宗枢. 电机学. 北京:高等教育出版社,2008
[5] 赵君有. 电机学. 北京:中国电力出版社,2006
[6] 孙旭东. 电机学. 北京:清华大学出版社,2006
[7] 王益全. 电机测量技术. 北京:高等教育出版社,2006
[8] 杜世俊. 电机与拖动基础实验. 北京:机械工业出版社,2007
[9] 武建文. 电机现代测试技术. 北京:机械工业出版社,2006